Iman Sabah Mustafa
Yogesh Kumar Awasthi

Eficiência dinâmica: Algoritmos para a manutenção de árvores de pesquisa binárias

Iman Sabah Mustafa
Yogesh Kumar Awasthi

Eficiência dinâmica: Algoritmos para a manutenção de árvores de pesquisa binárias

Revisão de um algoritmo eficiente para manter a árvore de pesquisa binária de forma dinâmica

ScienciaScripts

Imprint
Any brand names and product names mentioned in this book are subject to trademark, brand or patent protection and are trademarks or registered trademarks of their respective holders. The use of brand names, product names, common names, trade names, product descriptions etc. even without a particular marking in this work is in no way to be construed to mean that such names may be regarded as unrestricted in respect of trademark and brand protection legislation and could thus be used by anyone.

Cover image: www.ingimage.com

This book is a translation from the original published under ISBN 978-620-8-17068-4.

Publisher:
Sciencia Scripts
is a trademark of
Dodo Books Indian Ocean Ltd. and OmniScriptum S.R.L publishing group

120 High Road, East Finchley, London, N2 9ED, United Kingdom
Str. Armeneasca 28/1, office 1, Chisinau MD-2012, Republic of Moldova, Europe
Printed at: see last page
ISBN: 978-620-8-24903-8

Revisão de um algoritmo eficiente para manter a árvore de pesquisa binária de forma dinâmica

Iman Sabah Mustafa
Departamento de Tecnologias da Informação
imansabah5@gmail.com

Conteúdo

Resumo

Uma Árvore de Pesquisa Binária (BST) é uma estrutura de dados fundamental concebida para otimizar as operações de pesquisa. A sua estrutura permite uma organização eficiente dos dados, garantindo pesquisas, inserções e eliminações rápidas. Para manter a eficiência da árvore, foram desenvolvidos vários algoritmos de balanceamento. Uma abordagem recente enfatiza o uso de rotações simples e duplas para equilibrar a BST. As rotações duplas, embora eficazes para o reequilíbrio, exigem mais recursos computacionais e memória do que as rotações simples, aumentando significativamente a carga de trabalho do processador. Esta complexidade acrescida suscita preocupações quanto ao desempenho do sistema, particularmente em ambientes que exigem operações de pesquisa frequentes. O desempenho de vários algoritmos utilizados para manter e otimizar dinamicamente as árvores de pesquisa binárias foi rigorosamente avaliado, especialmente em cenários que envolvem pesquisas repetidas. Nestas avaliações, as chaves de pesquisa são geradas sob cargas incertas, o que resulta em padrões de pesquisa imprevisíveis. Os algoritmos devem lidar com diferentes tarefas, incluindo a inserção de novos nós, a procura de nós existentes e a reestruturação dinâmica da árvore para minimizar o comprimento do caminho e o tempo de pesquisa. Estas avaliações abrangem uma gama de algoritmos, desde os utilizados em Árvores com Altura Equilibrada, como as Árvores AVL, até aos utilizados em Árvores com Equilíbrio Limitado, como as Árvores Red-Black. As árvores com altura equilibrada mantêm uma diferença mínima de altura entre as subárvores esquerda e direita, promovendo pesquisas consistentemente eficientes. Em contraste, as árvores de equilíbrio limitado permitem uma abordagem de equilíbrio mais relaxada, que pode ser mais eficiente para operações específicas. Também existem algoritmos híbridos que combinam caraterísticas de ambos os tipos para otimizar ainda mais o desempenho, equilibrando métodos de balanceamento rigorosos e relaxados. O principal objetivo da manutenção de uma BST é garantir que as operações de pesquisa permanecem eficientes. Foram propostas várias estratégias para manter as BSTs num estado ótimo. Este documento apresenta um novo método que aborda as ineficiências das rotações duplas. O método proposto atinge resultados de equilíbrio semelhantes, exigindo quase metade dos passos computacionais em comparação com as técnicas algorítmicas actuais. Esta inovação promete melhorias significativas na eficiência da manutenção do BST, particularmente em ambientes de pesquisa dinâmica com padrões imprevisíveis. Ao reduzir a sobrecarga computacional tipicamente associada às rotações duplas, esta nova abordagem melhora o desempenho geral do sistema, tornando-a um avanço valioso no campo da otimização da estrutura de dados.

Introdução

Uma árvore de pesquisa binária (BST) é uma estrutura de dados amplamente utilizada, concebida para uma organização eficiente dos dados e operações de pesquisa. Para manter o seu desempenho ótimo, foram desenvolvidas várias abordagens algorítmicas. Um método recente para equilibrar BSTs envolve rotações simples e duplas. Embora as rotações duplas reequilibrem efetivamente a árvore, requerem quase o dobro do tempo e dos recursos das rotações simples, aumentando significativamente as necessidades de memória e de processador. Este documento apresenta uma nova abordagem que resolve as ineficiências das rotações duplas. O método proposto alcança resultados de balanceamento semelhantes em quase metade dos passos exigidos pelos algoritmos convencionais, melhorando significativamente a eficiência em ambientes dinâmicos. Ao reduzir a sobrecarga computacional, esta abordagem permite um reequilíbrio mais rápido sem comprometer a estrutura da árvore ou o desempenho da pesquisa. O desempenho dos algoritmos para manter e utilizar dinamicamente as BSTs é cuidadosamente avaliado neste estudo, centrando-se na sua eficácia em operações de pesquisa repetidas. Estas avaliações analisam a capacidade dos algoritmos para lidar com chaves de pesquisa geradas com cargas imprevisíveis, gerir a inserção de novos nós e pesquisar nós existentes. Além disso, o estudo analisa a capacidade dos algoritmos de reestruturar dinamicamente a árvore para minimizar o comprimento do caminho e o tempo de pesquisa. No geral, o método proposto aumenta a eficiência da manutenção do BST, reduzindo o tempo e os recursos necessários para o balanceamento, particularmente em cenários que envolvem pesquisas frequentes. Este avanço promete melhorar o desempenho de sistemas que dependem de operações de pesquisa dinâmicas e imprevisíveis, oferecendo uma forma mais eficiente de manter Árvores de Pesquisa Binárias. (Vinod, P., Pushpa, S., & Maple, C., 2006).

É implementada uma Árvore de Pesquisa Binária (BST) equilibrada para minimizar as despesas gerais e garantir um desempenho eficiente do sistema. Ao manter o equilíbrio dentro da árvore, as operações de pesquisa, inserção e exclusão podem ser executadas mais rapidamente, reduzindo os custos computacionais. Este equilíbrio ajuda a evitar a altura excessiva da árvore, que pode tornar as operações mais lentas em BSTs tradicionais e desequilibradas. Como resultado, os recursos do sistema são mais bem utilizados, levando a um desempenho optimizado em várias aplicações que dependem da recuperação rápida de dados. Para além do BST equilibrado, é introduzido um mecanismo de compensação dinâmica para melhorar significativamente a segurança. Este mecanismo aumenta a proteção introduzindo variabilidade nos endereços de memória ou localizações de dados, dificultando a exploração de vulnerabilidades por parte de agentes maliciosos. Ao ajustar continuamente os offsets, o sistema reduz o risco de vectores de ataque previsíveis, reforçando assim as medidas de segurança globais. A combinação de um BST equilibrado e um mecanismo de compensação dinâmica oferece um benefício duplo: eficiência optimizada e segurança reforçada. Esta abordagem não só melhora a velocidade e a fiabilidade das operações de dados, como também proporciona uma defesa robusta contra potenciais ameaças. Em conjunto, estas inovações garantem que o sistema pode ter o melhor desempenho possível, mantendo um elevado nível de proteção, tornando-o mais resiliente em ambientes informáticos dinâmicos (Alabdullah, B., Beloff, N., & White, M., 2021).

As avaliações realizadas neste estudo abrangem uma vasta gama de algoritmos concebidos para manter e otimizar Árvores de Pesquisa Binárias (BSTs), incluindo os de Árvores com Equilíbrio em Altura, Árvores com Equilíbrio Limitado e várias abordagens híbridas. As Árvores com Altura Equilibrada, como as Árvores AVL, são conhecidas por manterem um equilíbrio rigoroso entre as suas subárvores, garantindo operações de pesquisa eficientes ao manterem os comprimentos dos caminhos mínimos. As árvores de equilíbrio limitado, como as árvores vermelho-preto, oferecem uma abordagem mais relaxada ao equilíbrio, o que pode resultar num desempenho mais eficiente durante determinadas operações, como inserções e eliminações. Também são avaliados algoritmos híbridos, que combinam caraterísticas das Árvores de Equilíbrio em Altura e das Árvores de Equilíbrio Limitado, com o objetivo de encontrar um equilíbrio entre o equilíbrio rigoroso e o relaxado para otimizar o desempenho computacional. Para além destes, o estudo inclui um algoritmo de pesquisa fundamental que não efectua o reequilíbrio e um algoritmo avançado especificamente concebido para ambientes dinâmicos. O algoritmo fundamental, designado por algoritmo de pesquisa básica, centra-se em pesquisas diretas sem a complexidade do reequilíbrio, o que o torna versátil e adaptável a uma variedade de cenários de pesquisa. Por outro lado, o algoritmo avançado incorpora técnicas mais sofisticadas para manter o equilíbrio ótimo da árvore durante operações de pesquisa frequentes, o que é crucial em ambientes de pesquisa imprevisíveis. As avaliações também têm em conta vários tipos e distribuições de dados. Estas incluem conjuntos de dados padrão, chaves de pesquisa não ponderadas, chaves de pesquisa ponderadas individualmente e distribuições baseadas em chaves populares. A variedade nas distribuições de chaves de pesquisa permite uma análise abrangente do desempenho de cada algoritmo sob diferentes cargas e padrões, reflectindo aplicações do mundo real em que as frequências de pesquisa e as distribuições de dados são frequentemente imprevisíveis. A principal métrica utilizada para avaliar os algoritmos é o tempo de execução, uma vez que tem um impacto direto na eficiência global do sistema. Os comprimentos de caminho ponderados também são considerados, particularmente em cenários em que o custo de acesso a determinados nós é mais elevado devido à importância ou frequência de utilização de chaves de pesquisa específicas. O algoritmo de pesquisa básica destaca-se pela sua versatilidade e adaptabilidade a diferentes tipos e distribuições de dados, enquanto um dos algoritmos híbridos proporciona as velocidades de cálculo mais elevadas. Esta abordagem híbrida optimiza o desempenho da pesquisa e a utilização de recursos, tornando-a a mais eficiente em termos de tempo de execução em vários cenários. Em geral, as avaliações destacam os pontos fortes de cada algoritmo, fornecendo informações sobre a sua aplicabilidade com base nas necessidades específicas do sistema e na natureza dos dados que estão a ser tratados. (Wright, W. E., 1980). A Árvore de Pesquisa Binária (BST) é uma estrutura gráfica fundamental normalmente utilizada para a organização e recuperação eficientes de dados. Foi concebida para permitir pesquisas, inserções e eliminações rápidas, mantendo uma ordem ordenada dos elementos. Numa BST, cada nó tem até dois filhos, em que o filho esquerdo contém valores mais pequenos do que o nó pai e o filho direito contém valores maiores do que o nó pai. Esta estrutura permite que os algoritmos de pesquisa binária funcionem com uma complexidade de tempo óptima, tipicamente O (log n) em árvores equilibradas, tornando as BSTs altamente eficazes para numerosas aplicações em computação.

Para aumentar ainda mais a eficiência dos BST, foram desenvolvidos ao longo dos anos vários conjuntos de instruções e algoritmos informáticos. Estas abordagens visam otimizar a estrutura da árvore, assegurando que as operações de pesquisa permanecem rápidas mesmo quando são inseridos novos nós e a árvore cresce. Uma proposta recente de (Vinod, Pushpa, and Maple ,2006) introduz métodos inovadores para melhorar a eficiência dos BSTs. O seu trabalho centra-se na redução da sobrecarga computacional associada à manutenção do equilíbrio da árvore, que é crucial para garantir que as operações de pesquisa não se degradam em complexidade temporal linear, como acontece em árvores desequilibradas. Os autores deste estudo sugerem que as árvores splay, uma variante auto-ajustável das BSTs, oferecem uma das aproximações mais próximas de uma árvore de pesquisa óptima. As árvores splay efectuam rotações sempre que um nó é acedido, aproximando-o da raiz da árvore (Vinod, P., Pushpa, S., & Maple, C., 2006).

Esta reorganização ajuda os nós frequentemente acedidos a permanecerem perto da raiz, melhorando a eficiência geral de futuras operações de pesquisa. De acordo com Goyal e Gupta (2019), as árvores splay fornecem um mecanismo eficaz para manter uma estrutura equilibrada sem a complexidade envolvida na aplicação estrita do equilíbrio de altura, conforme exigido por AVL ou Red-Black Trees. Argumentam que a capacidade das splay trees de se ajustarem dinamicamente com base nos padrões de utilização torna-as altamente adaptáveis a ambientes com padrões de acesso imprevisíveis. A utilização de árvores de repetição como uma aproximação de árvores de pesquisa óptimas alinha-se com o objetivo mais amplo de melhorar o desempenho do BST em cenários dinâmicos e imprevisíveis. Ao minimizar a necessidade de algoritmos de reequilíbrio complexos e ao permitir que a árvore se ajuste organicamente através da utilização, as árvores de repetição representam um avanço significativo no campo da otimização da estrutura de dados. A sua adaptabilidade e natureza autoajustável tornam-nas particularmente adequadas para aplicações em que os padrões de acesso não são estáticos, melhorando assim tanto os tempos de pesquisa como a eficiência global do sistema (Goyal, N., & Gupta, M., 2019).

Além disso, os investigadores propõem uma estratégia de melhoramento em várias fases para Árvores de Pesquisa Binárias (BSTs), centrando-se na melhoria do desempenho através da comparação de resultados em duas métricas fundamentais: profundidade média ponderada e profundidade ponderada. Estas métricas são fundamentais para avaliar a eficiência com que uma BST pode processar pesquisas, inserções e eliminações, tendo em conta a frequência ou a probabilidade de aceder a nós específicos. Ao otimizar estas métricas, a abordagem procura minimizar a complexidade temporal das operações, conduzindo a uma estrutura em árvore mais eficiente. Para explorar sistematicamente possíveis melhorias, os investigadores utilizam um gráfico acíclico direcionado (DAG) para modelar as potenciais configurações de BSTs. Este modelo baseado em DAG permite uma análise abrangente de várias estruturas em árvore, capturando as relações e dependências entre diferentes configurações. Cada nó do gráfico representa uma possível configuração da BST, enquanto as arestas denotam transformações entre essas configurações, como rotações ou acções de reequilíbrio. Esta configuração fornece uma estrutura para visualizar e comparar a forma como diferentes transformações afectam o desempenho global da árvore com base nas métricas escolhidas. O processo de melhoramento em várias fases envolve o refinamento incremental da configuração BST navegando através do DAG, selecionando transformações que produzem um melhor desempenho em termos de profundidade média ponderada e profundidade ponderada. Este método permite uma exploração exaustiva de potenciais optimizações, levando à identificação da estrutura em árvore mais eficiente para um determinado conjunto de operações e padrões de acesso. Ao integrar a métrica da profundidade ponderada com o modelo baseado em DAG, a abordagem dos investigadores oferece uma forma robusta e sistemática de melhorar o desempenho da Árvore de Pesquisa Binária. Este método não só melhora a compreensão teórica das configurações óptimas da BST, como também tem implicações práticas para melhorar a eficiência dos algoritmos de pesquisa e das estruturas de dados em várias aplicações informáticas (AbouEisha, H., et al., 2019).

Além disso, os investigadores atingem a otimização dinâmica nesta classe ao conceberem uma lista de saltos determinística e auto-ajustável que satisfaz o limite do conjunto de trabalho para a eficiência operacional. Este desenvolvimento garante que os elementos frequentemente acedidos são rapidamente recuperados, melhorando o desempenho ao longo do tempo. A nossa abordagem aborda tanto a eficiência teórica como a aplicação prática, tornando-a adequada para várias estruturas de dados dinâmicas. Além disso, enfatizamos as implicações mais amplas dos limites de desempenho da nossa lista de saltos, particularmente para árvores de pesquisa com ramificações múltiplas, incluindo árvores B, árvores (a,b) e variantes relacionadas. Estas estruturas são amplamente utilizadas tanto em sistemas de bases de dados como em soluções de armazenamento de ficheiros devido à sua capacidade de gerir eficientemente grandes conjuntos de dados. Os conhecimentos adquiridos com o nosso trabalho podem, assim, ser diretamente aplicados à otimização destas árvores para operações de armazenamento na memória e externo, onde o equilíbrio entre a eficiência de leitura/escrita e a utilização do espaço é fundamental. Em particular, os investigadores introduzem uma árvore B auto-ajustável dinamicamente optimizada, que se adapta aos padrões de acesso em tempo real. Esta árvore B mantém um elevado desempenho em diferentes ambientes, funcionando sem problemas na memória principal, onde o acesso rápido é fundamental, e em sistemas de armazenamento externo, onde a minimização das operações de E/S do disco é crucial. Ao reequilibrar-se continuamente com base nos padrões de acesso, esta árvore B auto-ajustável oferece vantagens significativas em cenários que exigem armazenamento e recuperação eficientes, tornando-a ideal para sistemas modernos de gestão de bases de dados e aplicações de armazenamento de ficheiros em grande escala. Em conclusão, os nossos contributos não só fazem avançar o campo das listas de saltos auto-ajustáveis, como também abrem novas vias para a otimização de árvores de pesquisa ramificadas multi-vias, com aplicações significativas tanto em contextos teóricos como reais. (Bose, P., Douïeb, K., & Langerman, S. ,2008, janeiro).

II. Revisão da literatura

Tem-se dedicado uma extensa investigação às Árvores de Pesquisa Binárias (BST) e às suas técnicas de balanceamento, dado o seu papel fundamental na otimização da recuperação de dados em várias aplicações. Este artigo aborda os fundamentos da BST, uma estrutura gráfica amplamente utilizada que garante operações eficientes de pesquisa, inserção e eliminação. Conseguir uma configuração óptima da BST é essencial para melhorar o desempenho e, para isso, os investigadores desenvolveram conjuntos de instruções informáticas especializadas adaptadas para simplificar estes processos. Estes conjuntos de instruções são concebidos para equilibrar a árvore, minimizando a altura e assegurando que as operações são efectuadas com a máxima eficiência. Avanços recentes neste domínio introduziram metodologias inovadoras destinadas a melhorar ainda mais o desempenho do BST. Estas incluem abordagens para equilibrar dinamicamente a árvore durante as operações, permitindo-lhe adaptar-se a conjuntos de dados em mudança em tempo real. Ao integrar estas técnicas avançadas, os investigadores pretendem ultrapassar os limites da eficiência na conceção de estruturas de dados, permitindo uma recuperação mais rápida e um melhor desempenho global do sistema. Este documento destaca as principais contribuições neste domínio, ao mesmo tempo que examina o impacto destes avanços nas aplicações práticas, abrindo caminho para a futura exploração e otimização dos algoritmos BST (Vinod, Pushpa e Maple, 2006).

Os avanços recentes centram-se na melhoria da eficiência e do equilíbrio das estruturas de Árvore de Pesquisa Binária (BST) para melhorar o desempenho da recuperação de dados. Estes esforços visam otimizar a forma como as BSTs lidam com as operações de pesquisa, inserção e eliminação, particularmente em ambientes dinâmicos onde os conjuntos de dados mudam frequentemente. Ao refinar o equilíbrio das BSTs, essas inovações ajudam a minimizar a altura da árvore, garantindo que as operações sejam realizadas com maior velocidade e consistência. Isto, por sua vez, leva a ganhos significativos no desempenho geral, especialmente em aplicações que requerem processamento de dados em tempo real. O desenvolvimento contínuo destas técnicas desempenha um papel crucial na otimização contínua dos algoritmos BST. Os investigadores estão a introduzir métodos de equilíbrio mais adaptáveis, permitindo que os BSTs respondam a mudanças nos conjuntos de dados sem sacrificar a eficiência. Estas melhorias são particularmente valiosas em ambientes de computação dinâmicos, onde a manutenção do equilíbrio ótimo da árvore é essencial para garantir que as operações de recuperação permanecem rápidas e fiáveis. Em última análise, estes avanços não só contribuem para o desempenho dos BST, como também ultrapassam os limites da otimização da estrutura de dados, lançando as bases para uma maior inovação na eficiência algorítmica. Este documento examina estes desenvolvimentos, explorando o seu potencial impacto na conceção e implementação de futuros algoritmos BST em diversos contextos computacionais (Vinod, P., Pushpa, S., & Maple, C., 2006).

Este artigo apresenta uma estrutura unificada para implementar e analisar algoritmos de árvores equilibradas. Neste contexto, incorporamos as técnicas mais conhecidas para a manutenção de árvores equilibradas, como as árvores AVL e Red-Black, e demonstramos como podem ser adaptadas a esta estrutura. Utilizando esta estrutura, desenvolvemos novos algoritmos que executam eficientemente tanto as actualizações como o reequilíbrio numa única passagem, durante a travessia da raiz até uma folha. Esta abordagem elimina a necessidade de múltiplas passagens, simplificando o processo de rebalanceamento e melhorando a eficiência geral das operações em árvore. A estrutura proposta permite flexibilidade na integração de vários métodos de balanceamento, fornecendo uma base para mais inovação em estruturas de dados baseadas em árvores. Para além da introdução de novos algoritmos, realizamos um estudo detalhado do seu desempenho, analisando factores-chave como a complexidade temporal e o consumo de recursos. Além disso, exploramos os desafios e soluções relacionados com actualizações concorrentes, que são essenciais em ambientes de computação modernos e dinâmicos, onde podem ocorrer várias operações em simultâneo. O artigo conclui destacando os benefícios práticos desta estrutura, oferecendo um caminho para algoritmos de árvore balanceada mais eficientes e escaláveis para uma ampla gama de aplicações (Guibas, L. J., & Sedgewick, R.,1978, outubro).

A otimização por enxame de partículas (PSO) é um algoritmo de otimização heurística utilizado principalmente em domínios contínuos, enquanto a PSO binária modifica estes princípios para domínios binários. No entanto, o PSO binário tradicional, que toma emprestados os conceitos de velocidade e momento da sua contraparte contínua, sofre frequentemente de limitações de desempenho. Em pesquisas anteriores, os autores redefiniram o momento como uma propriedade de aderência e a velocidade como uma probabilidade de inversão, o que levou à criação do PSO binário pegajoso. Embora esta abordagem inicial tenha criado uma base sólida, salientou a necessidade de uma investigação mais aprofundada de vários factores críticos. Este artigo apresenta um novo algoritmo, denominado PSO dinâmico sticky binário, que incorpora uma estratégia de controlo dinâmico de parâmetros baseada numa análise de exploração e aproveitamento em espaços de pesquisa binários. A eficácia do algoritmo proposto é avaliada em comparação com quatro algoritmos binários dinâmicos do estado da arte, centrando-se em dois tipos de problemas: problemas de mochila e seleção de caraterísticas. Os resultados experimentais indicam que os conceitos de velocidade e momento recentemente definidos permitem que o PSO dinâmico sticky binary obtenha melhores soluções do que os algoritmos de referência em conjuntos de dados de mochila. Além disso, em tarefas de seleção de caraterísticas, a estratégia dinâmica tira partido destas definições de movimento para produzir subconjuntos de caraterísticas mais pequenos com melhor desempenho de classificação. Esta pesquisa é significativa, pois explora sistematicamente quatro conceitos essenciais - velocidade, momento, exploração e exploração - em PSO binário, aprimorando a busca por soluções ideais em cenários de problemas binários (Nguyen, B. H., Xue, B., Andreae, P., & Zhang, M., 2019).

O artigo introduz novas representações sucintas para árvores ordinais, alcançando eficiência espacial e temporal e suportando uma variedade de operações em árvores. Para as árvores estáticas, os autores propõem uma estrutura de dados simples, a *árvore min-max de intervalo*, que reduz as operações complexas das árvores a algumas operações básicas, efectuadas em tempo constante. Esta estrutura utiliza 2n + O(n/polilog(n)) bits de espaço, o que é ótimo para operações de chave. Para árvores dinâmicas, que permitem a inserção e a eliminação de nós, a estrutura de dados proposta utiliza 2n + O(n/log n) bits e suporta operações em tempo O(log n). Uma versão melhorada atinge o tempo O(log n/log log n) usando 2n + O(nlog log n/log n) bits de espaço. A abordagem também se estende a florestas, suportando a ligação e a separação de sub-árvores em tempo O(log^1+ε n). As técnicas estendem-se a aplicações como consultas de intervalo mínimo/máximo, suportando operações de soma e pesquisa, bitmaps dinâmicos e sequências sobre alfabetos. Para bitmaps, a estrutura atinge tempo e espaço óptimos dentro dos limites da entropia, melhorando os resultados existentes para sequências dinâmicas, índices de texto comprimido e construção da transformada de Burrows-Wheeler. Estes avanços marcam um progresso significativo nas estruturas de dados em árvore estáticas e dinâmicas, com implicações para vários problemas computacionais (Navarro, G., & Sadakane, K., 2014).

Este estudo investiga a integração de conceitos de pesquisa clássica com o algoritmo de Grover para criar um sistema híbrido de pesquisa quântica. São examinadas duas considerações fundamentais: (1) as implicações da utilização de factores de ramificação não constantes e (2) os efeitos da incorporação de métodos heurísticos num modelo de pesquisa em árvore quântica. Os algoritmos tradicionais de pesquisa em árvore servem como um quadro robusto para modelar comportamentos de resolução de problemas, permitindo que uma gama diversificada de problemas seja representada como tarefas de pesquisa em árvore. Estes algoritmos navegam eficientemente em árvores de decisão para encontrar soluções, tornando-os amplamente aplicáveis em vários domínios. A computação quântica, em particular o algoritmo de Grover, tem atraído uma atenção significativa pela sua capacidade de atingir uma velocidade quadrática nos processos de pesquisa, oferecendo uma abordagem transformadora à resolução de problemas. Ao combinar estratégias de pesquisa clássicas com técnicas quânticas, a investigação tem como objetivo melhorar a eficiência e a eficácia da pesquisa. A exploração de factores de ramificação não constantes poderá conduzir a estruturas de pesquisa mais adaptáveis, enquanto a introdução de métodos heurísticos poderá otimizar ainda mais os caminhos de pesquisa em modelos quânticos. Em última análise, este estudo procura demonstrar como a sinergia entre abordagens clássicas e quânticas pode resolver problemas complexos de forma mais eficaz, abrindo caminho para avanços em sistemas de pesquisa quânticos híbridos que aproveitam os pontos fortes de ambos os paradigmas. (Tarrataca, L., & Wichert, A., 2011).

Este estudo tem como objetivo melhorar o desempenho das Árvores de Pesquisa Binárias (BSTs) através da introdução de um novo método para a construção de um certificado de limite inferior. Este certificado serve como uma estrutura que define as restrições de desempenho aplicáveis a qualquer algoritmo BST. Ao delinear estas restrições, o estudo estabelece limites claros sobre a eficiência com que as operações numa BST podem ser executadas. Estes limites definidos funcionam como uma referência em relação à qual os futuros algoritmos podem ser avaliados, garantindo que os novos métodos funcionam dentro dos parâmetros de eficiência conhecidos. O certificado fornece uma medida padronizada para determinar se um algoritmo está optimizado em termos de desempenho. Isto, por sua vez, contribui para os avanços nas estruturas de dados baseadas em árvores, encorajando o desenvolvimento de algoritmos mais eficientes e fiáveis. A abordagem do estudo não só ajuda a aperfeiçoar os algoritmos BST, como também apoia o campo mais vasto da otimização de estruturas de dados, assegurando que as técnicas recentemente desenvolvidas se alinham com as expectativas de desempenho. Em última análise, a introdução deste certificado de limite inferior representa um passo significativo para melhorar a compreensão e a eficiência das operações BST em vários contextos computacionais (Goyal, N., & Gupta, M., 2019).

Os investigadores desenvolveram uma abordagem de melhoramento em várias fases para Árvores de Pesquisa Binárias (BSTs), centrada na comparação de resultados através das métricas de profundidade média ponderada e profundidade ponderada. Este método inovador avalia a eficiência de várias configurações de BST analisando a profundidade dos nós, um fator crítico que afecta diretamente os tempos de pesquisa. Para modelar minuciosamente estas potenciais configurações, os investigadores utilizam um gráfico acíclico dirigido (DAG). Esta representação DAG permite um exame aprofundado de diferentes estruturas de árvore, permitindo a identificação de configurações óptimas adaptadas a aplicações específicas. Ao mapear as relações entre os nós e as suas profundidades, o DAG facilita uma compreensão mais clara da forma como as diferentes disposições do BST influenciam o desempenho global. A importância desta abordagem reside na sua capacidade de melhorar o desempenho e a eficiência das BST numa série de ambientes dinâmicos. À medida que as necessidades de gestão de dados evoluem, a capacidade de adaptar as estruturas em árvore para otimizar a eficiência da pesquisa torna-se cada vez mais crucial. Ao utilizar o método de melhoramento em várias fases, os programadores podem tomar decisões informadas sobre a configuração da BST a empregar com base nas caraterísticas específicas dos seus conjuntos de dados. Esta investigação não só contribui para a compreensão teórica da dinâmica da BST, como também oferece soluções práticas para aplicações no mundo real. Em última análise, os resultados fornecem informações valiosas que podem levar a processos de recuperação de dados mais eficientes, beneficiando uma variedade de domínios que dependem de operações de pesquisa rápidas e eficazes em estruturas de dados não lineares. Através desta análise abrangente, o estudo prepara o terreno para futuros avanços na otimização BST e suas aplicações (AbouEisha, H., et al., 2019).

Este documento investiga os desafios associados à geração de chaves de pesquisa com pesos imprevisíveis e avalia vários algoritmos destinados a otimizar as Árvores de Pesquisa Binárias (BSTs). Estes algoritmos centram-se em tarefas cruciais, incluindo a inserção de nós, a travessia e a reestruturação dinâmica da árvore, todas com o objetivo de melhorar o comprimento do caminho ponderado e a eficiência global da pesquisa. A avaliação engloba uma variedade de abordagens, tais como árvores com altura equilibrada, árvores com peso equilibrado, árvores com equilíbrio limitado e variantes híbridas. Cada método é avaliado através de testes empíricos rigorosos em cenários de pesquisa simulados, produzindo informações valiosas sobre o seu desempenho em diferentes condições. O estudo enfatiza como diferentes técnicas de balanceamento podem aumentar significativamente a eficiência dos BSTs, particularmente em ambientes dinâmicos caracterizados por distribuições flutuantes de chaves de pesquisa. Ao compreender os pontos fortes e fracos destes algoritmos, a investigação fornece uma estrutura para selecionar a estratégia de otimização BST mais adequada com base em casos de utilização específicos. Em última análise, este trabalho contribui para melhorar o desempenho das operações de pesquisa, permitindo soluções de gestão de dados mais eficazes em diversas aplicações (Wright, W. E., 1980).

Esta tese investiga o problema clássico da procura de uma sequência de chaves numa árvore de pesquisa binária (BST), permitindo que a árvore seja reorganizada após cada pesquisa. Embora tenha sido realizada investigação substancial nesta área, a nossa compreensão das capacidades e limitações do modelo ainda não está totalmente desenvolvida. Esta tese dá várias contribuições significativas para este domínio de estudo. Em primeiro lugar, define vários modelos computacionais que facilitam a análise dos algoritmos BST, clarificando os pressupostos existentes e oferecendo um quadro estruturado para investigação futura. Em segundo lugar, generaliza o conhecido algoritmo Splay, um algoritmo BST popular com várias propriedades de eficiência comprovadas, fornecendo novos conhecimentos sobre a sua eficácia operacional. Além disso, a tese analisa as sequências de consulta examinando os seus padrões evitados, um conceito da combinatória que revela propriedades estruturais mais profundas. Esta investigação destaca que as entradas que evitam padrões podem ser servidas de forma mais eficiente do que as garantias convencionais de pior caso logarítmico sugerem, introduzindo assim novas barreiras para alcançar a otimização dinâmica. A tese também apresenta uma nova interpretação da pesquisa em BSTs através da lente das rectangulações, uma estrutura combinatória. Esta ligação oferece uma nova perspetiva sobre os modelos BST e aborda questões anteriormente sem resposta na literatura. Além disso, ao longo da tese, são identificados vários problemas em aberto, com o objetivo de reunir informação que se encontra frequentemente dispersa por várias fontes. Ao articular estas questões intermédias, a tese fornece um roteiro para investigação futura na área das árvores de pesquisa binárias, incentivando uma maior exploração e inovação na abordagem dos desafios associados à optimalidade dinâmica e às estratégias de rearranjo de árvores (Kozma, L., 2016).

As avaliações centram-se em algoritmos concebidos para árvores com altura equilibrada, árvores com peso equilibrado, árvores com equilíbrio limitado e várias abordagens híbridas. São efectuadas comparações empíricas para avaliar o desempenho destes algoritmos, especificamente no que diz respeito à sua capacidade de manter e otimizar dinamicamente as Árvores de Pesquisa Binárias (BSTs). As avaliações medem a eficácia de cada algoritmo em condições de pesquisa simuladas, explorando operações essenciais como a inserção, a travessia e a reestruturação da árvore. Ao examinar o desempenho destes algoritmos em diferentes cenários, a investigação fornece informações sobre os seus pontos fortes e fracos, particularmente em termos de eficiência de pesquisa e desempenho global da árvore. Os resultados revelam o impacto significativo que as diferentes técnicas de balanceamento têm na manutenção de uma estrutura de árvore óptima, especialmente em ambientes de pesquisa dinâmicos e imprevisíveis. Por exemplo, as árvores equilibradas em termos de altura podem oferecer vantagens em termos de estabilidade, enquanto as árvores equilibradas em termos de peso podem melhorar o desempenho em cenários com pesos de nós variados. Estas avaliações contribuem para uma compreensão mais profunda da otimização BST e informam as melhores práticas para selecionar o algoritmo mais adequado com base em necessidades específicas de gestão de dados. Em última análise, esta investigação melhora a aplicação prática das BSTs, permitindo melhores operações de pesquisa em diversas aplicações e ambientes (Hirai, Y., & Yamamoto, K., 2011).

Os investigadores discutem um algoritmo interativo concebido para equilibrar árvores de pesquisa binárias aleatórias ao longo do tempo, garantindo que as operações da árvore, como a pesquisa, a inserção e a eliminação, permanecem eficientes à medida que a árvore evolui. Este algoritmo ajusta de forma incremental a estrutura da árvore para manter o equilíbrio, o que ajuda a otimizar os tempos de pesquisa e a melhorar o desempenho geral. Uma árvore equilibrada reduz as hipóteses de casos degenerados em que a estrutura da árvore se assemelha a uma lista ligada, levando a tempos de pesquisa O(n) ineficientes. Para além do algoritmo interativo básico, os investigadores apresentam uma variante mais eficiente que utiliza um modelo de memória partilhada. Esta versão melhorada tira partido do poder da computação paralela, utilizando um número de processadores igual a N, em que N representa o número total de nós na árvore. Ao distribuir a carga de trabalho computacional por N processadores, o modelo de memória partilhada reduz significativamente o tempo necessário para as operações de equilíbrio. Esta abordagem permite um reequilíbrio mais rápido, mesmo quando o tamanho da árvore aumenta, o que a torna particularmente útil em sistemas de grande escala em que as árvores de pesquisa binárias são frequentemente modificadas e acedidas. A combinação de um algoritmo interativo com a eficiência do processamento paralelo fornece uma solução robusta para a manutenção de árvores de pesquisa binárias equilibradas, garantindo que o desempenho permanece ótimo em ambientes dinâmicos (Haq, E., Cheng, Y., & Iyengar, S. S., 1988).

Este documento apresenta uma análise exaustiva dos resultados de simulação relativos ao desempenho das árvores Height-Balanced (HB). As simulações avaliam a eficácia com que as árvores HB mantêm a sua estrutura, o que é essencial para garantir operações eficientes de pesquisa, inserção e eliminação. Ao examinar a capacidade da árvore para se manter equilibrada sob diferentes cargas de dados e condições dinâmicas, o estudo sublinha as vantagens das árvores HB em ambientes com actualizações e modificações frequentes. Os resultados revelam que as árvores HB optimizam consistentemente os tempos de pesquisa e minimizam os comprimentos de caminho, tornando-as uma escolha fiável para aplicações em que a manutenção do equilíbrio da árvore é crucial para o desempenho. Em cenários caracterizados por uma alta taxa de alterações de dados, as árvores HB demonstram sua superioridade ao se adaptarem eficientemente a alterações estruturais, melhorando assim a eficiência operacional geral. Além disso, o estudo destaca a resiliência das árvores HB na gestão de diversas cargas de trabalho, confirmando a sua adequação a aplicações que exigem tempos de resposta rápidos. Ao centrar-se nas métricas de desempenho associadas às árvores HB, o documento contribui com informações valiosas sobre a sua eficácia como estrutura de dados em ambientes dinâmicos, oferecendo orientações aos programadores que procuram soluções óptimas para os desafios da gestão de dados. Em geral, a investigação afirma o papel fundamental das árvores HB na melhoria do desempenho da pesquisa e na manutenção do equilíbrio em cenários de dados complexos (Karlton, P. L., et al., 1976).

O documento também explora o conceito de árvores binárias alargadas, um método concebido para melhorar a estrutura das árvores binárias. As árvores binárias alargadas são criadas através da conversão de qualquer árvore binária numa árvore binária completa. Esta transformação é conseguida através da substituição de subárvores nulas por nós especializados, frequentemente designados por nós "fictícios" ou de "extensão". Estes nós especializados preenchem as lacunas deixadas pelos filhos em falta na árvore original, completando efetivamente a estrutura da árvore e assegurando que todos os níveis, exceto possivelmente o último, são totalmente preenchidos. Esta abordagem não só melhora a integridade da árvore, como também facilita operações e travessias mais eficientes, como pesquisa, inserção e eliminação. Ao estender a árvore, torna-se mais fácil aplicar algoritmos que assumem uma estrutura binária completa, optimizando assim o seu desempenho. Esta técnica aborda os desafios colocados pelas árvores esparsas e melhora a eficiência global das operações baseadas em árvores. A exploração detalhada deste conceito realça as suas implicações práticas e potenciais benefícios em vários contextos computacionais (Rajeswari, P., et al., 2010).

O documento apresenta uma revisão e análise aprofundadas de várias estruturas e técnicas de dados avançadas, incluindo hierarquias, contentores com hash, curvas de preenchimento de espaços e várias estruturas híbridas. Examina também os contentores de alta dimensão, realçando as suas aplicações em sistemas de armazenamento adaptáveis. O estudo salienta a forma como estas estruturas multidimensionais são essenciais para o processamento eficiente de dados complexos em diversos domínios. Especificamente, sublinha a sua importância na hidrodinâmica computacional, no eletromagnetismo, na biologia, na ciência política, na medicina, na tecnologia, nas bases de dados multimédia, na animação, na computação gráfica e na análise de dados espaciais. Estas estruturas permitem uma gestão e recuperação mais eficazes de caminhos e dados multidimensionais, melhorando o desempenho e a escalabilidade nestes domínios. Ao abordar os requisitos únicos dos dados de elevada dimensão, o documento ilustra as implicações práticas destes algoritmos e estruturas no avanço da investigação e da tecnologia em várias disciplinas (Potapov, D. R., 2019).

De acordo com a conjetura de Sleator e Tarjan [39], as árvores de repetição representam árvores de pesquisa binárias (BSTs) dinamicamente óptimas. Investigamos a estrutura de dados da lista de saltos de Pugh [35] neste contexto. A nossa análise demonstra que o limite do conjunto de trabalho serve como um limite inferior para o tempo de acesso em sequências, especificamente para uma categoria de listas de saltos que satisfazem uma condição de equilíbrio relaxada. Além disso, conseguimos uma otimização dinâmica dentro desta categoria, desenvolvendo uma lista de saltos determinística e auto-ajustável que está em conformidade com o limite do conjunto de trabalho em termos de eficiência operacional. Por fim, destacamos as implicações dos limites de desempenho da nossa lista de saltos nas representações de árvores de pesquisa com ramificações múltiplas, como as árvores B, as árvores (a,b) e as suas variantes. Nomeadamente, apresentamos uma árvore B auto-ajustável dinamicamente óptima que funciona sem problemas tanto na memória principal como em contextos de armazenamento externo (Bose, P., Douïeb, K., & Langerman, S. ,2008, janeiro).

Os investigadores apresentam um algoritmo de árvore AVL de equilíbrio relaxado concorrente especificamente concebido para velocidade, escalabilidade e gestão eficiente da contenção. Esta abordagem inovadora aproveita técnicas optimistas derivadas da memória transacional de software, integrando simultaneamente conhecimentos específicos de árvores AVL para reduzir a sobrecarga e minimizar tentativas desnecessárias. Ao capitalizar as propriedades únicas das árvores AVL, o algoritmo funciona de forma mais eficaz em ambientes concorrentes. Para além do algoritmo principal, é introduzida uma operação rápida de clonagem linearizável, permitindo uma iteração consistente sobre a árvore. Esta caraterística melhora significativamente a usabilidade em cenários com operações simultâneas de leitura e escrita. Os resultados experimentais demonstram que o algoritmo proposto supera uma skip list concorrente altamente optimizada em vários padrões de acesso. Especificamente, alcança um aumento médio de 39% em operações single-threaded e 32% em configurações multi-threaded. Estas melhorias são consistentes em diferentes níveis de contenção e combinações de operações, demonstrando a robustez e adaptabilidade do algoritmo. Em geral, os resultados sublinham a eficácia da árvore AVL de equilíbrio relaxado concorrente na gestão de estruturas de dados dinâmicas, proporcionando um elevado desempenho, marcando-o como um avanço significativo no domínio das estruturas de dados concorrentes (Zhang, Y., & Ruan, Y., 2016).

Os algoritmos de inteligência de enxame (SI), tais como a otimização de colónias de formigas, a otimização de enxames de partículas, os algoritmos inspirados em abelhas, a otimização de forrageamento bacteriano, os algoritmos de pirilampo e a otimização de enxames de peixes, provaram ser eficazes na resolução de problemas de otimização difíceis em ambientes estacionários. Embora a maioria dos algoritmos SI seja concebida para tarefas de otimização estacionárias, o que lhes permite convergir eficientemente para soluções (quase) óptimas, muitos cenários do mundo real envolvem ambientes dinâmicos que evoluem ao longo do tempo. Nestes problemas de otimização dinâmica (DOPs), os algoritmos de SI convencionais têm dificuldade em seguir a evolução dos óptimos depois de terem encontrado uma solução. Nas últimas duas décadas, tem havido um interesse crescente na utilização de algoritmos de SI para resolver DOPs devido à sua adaptabilidade inerente. Este documento apresenta uma revisão abrangente da otimização dinâmica SI (SIDO), centrando-se em várias classes de problemas, incluindo problemas discretos, contínuos, com restrições, multi-objetivo e de classificação, juntamente com as suas aplicações no mundo real. Também examina as estratégias de melhoramento integradas nos algoritmos de SI para gerir as alterações dinâmicas, bem como as métricas de desempenho e os geradores de referência utilizados na investigação sobre SIDO. Por último, o documento discute potenciais direcções futuras nesta área de estudo (Mavrovouniotis, M., Li, C., & Yang, S., 2017).

Os operadores conectados são ferramentas morfológicas concebidas para filtrar imagens sem gerar novos contornos ou deslocar os preservados. Estes operadores estão estreitamente ligados às representações da árvore máxima e da árvore mínima das imagens, tendo sido desenvolvidos numerosos algoritmos para calcular estas árvores. No entanto, ainda não foi efectuada uma comparação exaustiva destes algoritmos, e a escolha de um algoritmo em detrimento de outro depende frequentemente de vários parâmetros. Dada a necessidade crítica de algoritmos eficientes no código de produção, apresentamos uma comparação abrangente dos algoritmos existentes num quadro unificado, incluindo variações melhoradas que aumentam a eficiência. Esta comparação engloba algoritmos sequenciais e paralelos, fornecendo tempos de execução relativos ao número de threads, tamanho da imagem de entrada e quantização do valor do pixel. Além disso, oferecemos uma árvore de decisão para ajudar os utilizadores a selecionar o algoritmo mais adequado com base nos seus requisitos específicos. Para promover a investigação reprodutível, disponibilizamos uma demonstração online onde os utilizadores podem carregar imagens e comparar os vários algoritmos. Além disso, o código-fonte de cada algoritmo é disponibilizado, facilitando a sua exploração e personalização. Esta análise abrangente visa orientar os utilizadores na realização de escolhas informadas, contribuindo simultaneamente para o avanço das metodologias de processamento de imagens (Carlinet, E., & Géraud, T., 2014).

O investigador apresenta as árvores Tango, um algoritmo avançado de Árvore de Pesquisa Binária (BST) que atinge um rácio competitivo de O(log log n), colocando-o a par do método BST offline de Munro 2000 em termos de eficiência. Este desempenho impressionante destaca a eficácia das árvores Tango na otimização das operações de pesquisa e atualização. A tese não só valida a otimização dinâmica da abordagem de Munro, como também expande a sua aplicação a ambientes online. Isto é conseguido através da apresentação de um novo problema geométrico análogo ao cálculo de BSTs óptimos offline. Esta nova estrutura geométrica oferece uma validação robusta para o algoritmo de acesso linear de Munro, confirmando a sua eficiência dentro de um fator constante, tal como detalhado na sua investigação de 2000. Além disso, o estudo estabelece uma nova referência óptima dentro de uma nova classe de limites inferiores para o desempenho de BSTs offline. Este parâmetro de referência integra e baseia-se em trabalhos anteriores significativos neste domínio, estabelecendo um padrão mais elevado para a avaliação de algoritmos BST. Ao alargar as referências existentes e ao fornecer uma análise abrangente, o estudo oferece informações valiosas sobre a eficiência e a aplicabilidade dos algoritmos BST. Estes avanços contribuem significativamente para o desenvolvimento e otimização contínuos das estruturas de dados, reflectindo o potencial das árvores Tango e dos algoritmos relacionados para melhorar o desempenho em vários contextos computacionais. A investigação representa, assim, um avanço significativo na otimização de estruturas de dados, abordando aspectos teóricos e práticos do desempenho da BST (Harmon, D. D. K., 2006).

As árvores de pesquisa binárias (BST) são amplamente utilizadas para pesquisar em estruturas de dados não lineares devido à sua eficiência. No entanto, se uma BST não for mantida numa forma óptima, o desempenho das operações de pesquisa e inserção pode degradar-se, levando a um aumento das comparações e a tempos de execução mais longos. Para resolver este problema, vários algoritmos BST foram introduzidos na literatura, concentrando-se em estratégias para manter a árvore equilibrada e eficiente. Embora muitos investigadores tenham analisado principalmente o tempo de execução geral e a eficiência destes algoritmos, tem havido uma lacuna notável na exploração de qual algoritmo BST específico é mais adequado para diferentes cenários. Esta falta de análise específica pode impedir os programadores de software de fazerem escolhas informadas ao seleccionarem um BST para os seus desafios específicos de gestão de dados. Neste documento, pretendemos colmatar esta lacuna, oferecendo uma comparação exaustiva das técnicas de BST existentes. Ao examinar os pontos fortes e fracos de cada abordagem, fornecemos informações valiosas que permitem aos programadores de software escolher o algoritmo BST mais adequado, adaptado aos seus requisitos específicos de gestão de dados. Este estudo não só melhora a compreensão das BST, como também ajuda a otimizar o desempenho de várias aplicações (Khayal, M. S. H., 2009, abril).

Uma árvore de pesquisa binária equilibrada pode ser definida por dois componentes-chave: a sua estratégia de pesquisa e a sua estratégia de equilíbrio. Este artigo apresenta um método para dissociar estas estratégias, permitindo que sejam expressas de forma independente, comunicando apenas através de operações fundamentais como rotações. Esta flexibilidade permite a combinação arbitrária de várias técnicas de balanceamento, tais como as árvores vermelho-preto e as árvores splay, com diferentes aplicações de pesquisa, incluindo a pesquisa de chaves e a pesquisa de classificações. Em particular, demonstramos que a pesquisa óptima de cadeias de caracteres pode ser representada como uma aplicação de pesquisa em qualquer árvore binária equilibrada. Implementamos a nossa estrutura em C++, utilizando modelos extensivos e inlining para manter a eficiência. Esta conceção separa o balanceamento da pesquisa, alcançando níveis de desempenho que rivalizam com as implementações populares de árvores binárias. Além disso, as funcionalidades comuns, como verificações de correção e medições de tempo, não precisam de ser reescritas para cada implementação de árvore específica. Esta estrutura partilhada simplifica a experimentação com diferentes estruturas de árvores e algoritmos de pesquisa. Como demonstração das suas capacidades, apresentamos comparações de árvores vermelho-preto, árvores splay e treaps, destacando as vantagens da nossa abordagem em termos de flexibilidade e desempenho em estruturas de dados dinâmicas (Austern, M. H., Stroustrup, B., Thorup, M., & Wilkinson, J., 2003).

As estruturas de dados probabilísticas (PDS) têm vindo a substituir cada vez mais as estruturas de dados tradicionais na gestão e acesso aos dados, impulsionadas pelo rápido crescimento dos recursos de dados na última década. No contexto das aplicações de grandes volumes de dados e de fluxo contínuo, as PDS oferecem vantagens substanciais, evitando a necessidade de procedimentos analíticos de elevada latência. Fornecem aproximações com limites de erro e utilizam funções hash para representar eficientemente objectos em computações baseadas em fluxos. Esta capacidade permite que os PDS processem consultas complexas com uma complexidade de tempo constante e uma sobrecarga de memória mínima, o que os torna particularmente eficazes para a gestão de dados em grande escala. Este estudo analisa vários tipos de PDS, explorando as suas aplicações para o armazenamento e a recuperação eficientes de conjuntos de dados maciços. Aborda os principais desafios associados ao tratamento de dados em grande escala, incluindo o processamento de consultas, a otimização do armazenamento e a eficiência da recuperação. O estudo explora a forma como as estruturas de dados probabilísticas (PDS) podem lidar habilmente com as complexidades dos ambientes de grandes volumes de dados e de fluxo contínuo. Ao abordar desafios como o tratamento de consultas, a otimização do armazenamento e a eficiência da recuperação, as PDS demonstram a sua capacidade de gerir dados em grande escala com melhor desempenho e menor latência. Uma análise comparativa pormenorizada contrasta os PDS com outras técnicas de gestão de dados, demonstrando o seu desempenho e eficiência superiores. Esta análise sublinha os pontos fortes dos PDS, nomeadamente a sua capacidade de fornecer soluções rápidas e eficientes em termos de espaço. Para comprovar ainda mais a sua eficácia, o estudo inclui provas matemáticas que detalham o desempenho dos PDS em várias métricas. Estas provas validam as vantagens práticas dos PDS, confirmando a sua adequação às aplicações do mundo real. O exame exaustivo destaca os benefícios significativos dos PDS na gestão de conjuntos de dados extensos e sublinha o seu papel no avanço das tecnologias de processamento de dados. (Singh, A., Garg, S., e etal. , 2020).

Sleator e Tarjan [39] conjecturaram que as árvores de repetição funcionam como árvores de pesquisa binárias (BSTs) dinamicamente óptimas. Neste contexto, exploramos a estrutura de dados da lista de saltos introduzida por Pugh [35]. Demonstramos que, para uma classe específica de listas de saltos que aderem a uma propriedade de equilíbrio fraco, o limite do conjunto de trabalho serve como um limite inferior para o tempo necessário para aceder a qualquer sequência. Além disso, desenvolvemos uma lista de saltos determinística auto-ajustável que atinge tempos de execução consistentes com o limite do conjunto de trabalho, alcançando assim optimalidade dinâmica dentro desta classe. Finalmente, discutimos as implicações das nossas descobertas sobre listas de saltos para árvores de pesquisa com ramificações múltiplas, incluindo árvores B, árvores (a,b) e as suas representações em árvore binária. Em particular, apresentamos uma árvore B auto-ajustável que mantém a optimalidade dinâmica em contextos de memória interna e externa (Bose, P., Douïeb, K., & Langerman, S., 2008, janeiro).

As árvores de pesquisa binárias (BST) são estruturas de dados essenciais que facilitam o armazenamento e o acesso a chaves de conjuntos ordenados, com uma história de cerca de cinquenta anos. Apesar do seu uso comum em aplicações práticas, tem havido surpreendentemente pouco conhecimento sobre o seu desempenho ótimo. Nomeadamente, não existe nenhum algoritmo de tempo polinomial para determinar a melhor BST para uma sequência específica de acessos a chaves e, antes desta investigação, não se conhecia nenhuma estrutura de dados BST online que atingisse uma competitividade o(log n). Esta tese apresenta as árvores tango, um algoritmo BST inovador que atinge uma competitividade O(log log n). Além disso, apresenta um novo problema geométrico equivalente à computação de BSTs offline óptimas, produzindo vários resultados intrigantes. Um algoritmo guloso para este problema geométrico alinha-se com um algoritmo BST offline proposto por Munro em 2000, provando que o algoritmo de Munro pode ser dinamicamente ótimo e pode ser adaptado a aplicações online. O modelo geométrico permite ainda demonstrar que um algoritmo de acesso linear descrito por Munro é ótimo dentro de um fator constante. Além disso, esta investigação utiliza o modelo geométrico para estabelecer uma nova classe de limites inferiores que engloba os limites inferiores significativos existentes para o desempenho do BST offline, culminando na construção de um limite ótimo neste novo quadro (Harmon, D. D. K., 2006).

III. METODOLOGIA:

A. *Árvore de pesquisa binária com (n) nós:*

Uma árvore de pesquisa binária (BST) é uma estrutura de dados em árvore binária baseada em nós com as seguintes caraterísticas:

- A subárvore esquerda de um nó contém apenas nós com chaves inferiores à chave do nó.

- A subárvore direita de um nó inclui apenas nós com chaves superiores à chave do nó.

- As subárvores esquerda e direita também devem ser árvores de pesquisa binárias, mantendo as mesmas propriedades.

- Não são permitidos nós duplicados.

A Figura 1 ilustra a estrutura de uma árvore de pesquisa binária.

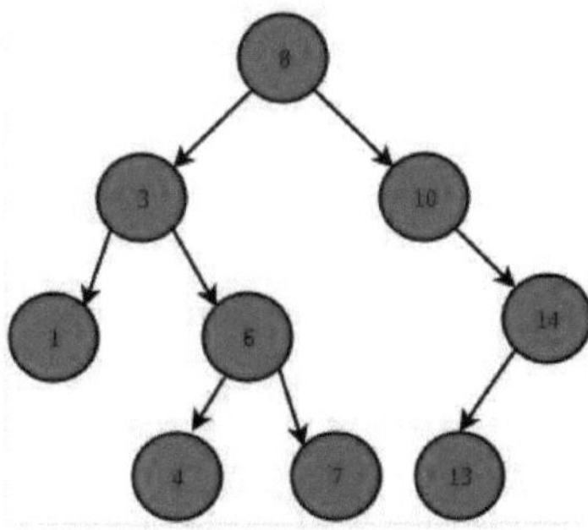

Figura 1. Utilizar a árvore de pesquisa binária _Graph

A Árvore de Pesquisa Binária (BST) melhora fundamentalmente a eficiência de operações como a pesquisa, a inserção e a determinação dos valores mínimo e máximo. A sua estrutura, em que as chaves estão organizadas por uma ordem específica, permite um acesso rápido e minimiza a necessidade de comparações exaustivas. A operação de pesquisa numa BST é particularmente eficiente devido a esta organização ordenada. O processo de pesquisa começa no nó raiz. Se a chave que está a ser pesquisada corresponder à chave do nó raiz, a pesquisa é concluída e o nó raiz é devolvido. Se a chave alvo for maior do que a chave da raiz, o algoritmo de pesquisa move-se para a subárvore da direita, onde todas as chaves são garantidamente maiores do que a chave da raiz. Por outro lado, se a chave de destino for menor, a pesquisa prossegue para a subárvore esquerda, que contém todas as chaves menores que a chave da raiz. Este processo de comparar e percorrer a árvore recursivamente continua até que a chave seja encontrada ou seja determinado que a chave não existe na árvore. Cada comparação reduz efetivamente para metade o número de nós potenciais que têm de ser examinados, tornando a operação de pesquisa logarítmica em termos de complexidade de tempo, O (log n), em condições ideais em que o BST é equilibrado. As propriedades da BST também simplificam outras operações. Encontrar os valores mínimos e máximos numa BST envolve percorrer o nó mais à esquerda para o mínimo ou o nó mais à direita para o máximo, o que pode ser feito em tempo linear relativamente à altura da árvore. Assim, a estrutura eficiente da BST melhora o desempenho global na gestão e recuperação de dados (Demaine, E. D., Harmon, D., e et al., 2007).

B. *Árvore equilibrada (Altura / Peso equilibrados)*

A Árvore de Pesquisa Binária (BST) é amplamente reconhecida por melhorar a eficiência da pesquisa, mas pode nem sempre apresentar um desempenho ótimo em todos os cenários. Para resolver este problema, o estudo avalia vários algoritmos concebidos para melhorar o desempenho da BST em diferentes condições. Especificamente, a avaliação inclui algoritmos para árvores com altura balanceada e peso balanceado, conforme discutido por Hirai e Yamamoto (2011). Estes algoritmos são concebidos para manter o equilíbrio dentro da BST, melhorando assim a eficiência da pesquisa e garantindo que a árvore se mantém equilibrada numa série de cenários operacionais.

Um dos principais focos são os BSTs optimizados para cenários de pior caso, que são críticos para garantir um desempenho robusto mesmo quando a árvore encontra condições desfavoráveis. Este processo de otimização envolve a avaliação da forma como estas árvores gerem operações como inserções, eliminações e pesquisas quando os dados de entrada estão organizados de uma forma que pode levar a ineficiências.

A Figura 2 do estudo ilustra várias configurações de BST, ordenadas da mais alta para a mais baixa e da mais baixa para a mais alta, para representar visualmente o impacto das diferentes optimizações no desempenho. Este diagrama realça os efeitos destas configurações na eficiência global das BSTs em aplicações práticas. Ao examinar diferentes configurações, o estudo oferece informações valiosas sobre como algoritmos e estruturas de árvore específicos podem ser aproveitados para melhorar o desempenho e manter a eficiência em vários cenários. Esta análise é crucial para otimizar as Árvores de Pesquisa Binárias (BSTs) em aplicações do mundo real, onde diferentes casos de utilização podem exigir abordagens únicas para maximizar a eficiência operacional. O estudo enfatiza que nenhuma configuração ou algoritmo único funciona melhor em todas as situações, sublinhando a necessidade de técnicas de otimização personalizadas.

A avaliação exaustiva efectuada na investigação realça a importância de compreender o contexto operacional ao conceber ou escolher uma estrutura BST. Em alguns casos, minimizar a profundidade dos nós frequentemente acedidos pode melhorar significativamente os tempos de pesquisa, enquanto noutros, equilibrar a árvore global pode ser mais eficaz. A utilização pelo estudo de métricas como a profundidade média ponderada e a profundidade ponderada demonstra como a concentração em padrões de acesso e probabilidades de nós pode conduzir a uma gestão de dados mais eficiente.

Em última análise, a investigação mostra que algoritmos cuidadosamente concebidos e estratégias de otimização podem melhorar significativamente o desempenho do BST. Ao aplicar estes conhecimentos, os programadores podem criar estruturas de dados mais eficientes que se alinham melhor com os requisitos operacionais específicos, oferecendo soluções práticas para melhorar as operações de pesquisa, inserção e eliminação, tanto em contextos teóricos como reais.

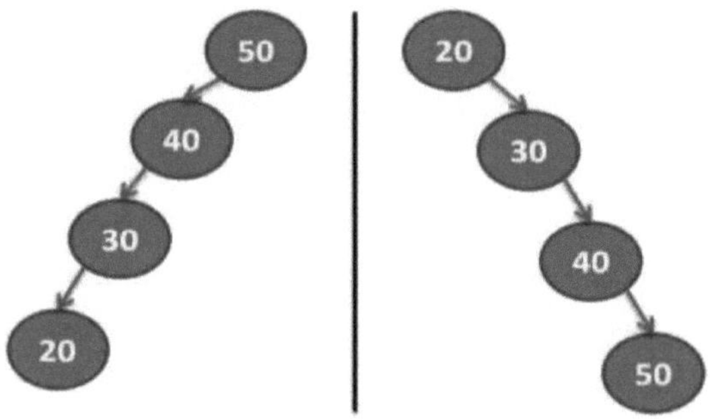

Figura 2. Do mais alto para o mais baixo e do mais baixo para o mais alto

1- Árvore com altura equilibrada

Uma árvore com altura equilibrada caracteriza-se por ter todos os nós não-folha totalmente preenchidos com filhos no nível mais profundo. Especificamente, isto significa que os filhos de cada nó têm de estar presentes em todos os níveis ou completamente ausentes, garantindo que a árvore mantém o equilíbrio sem quaisquer nós em falta nos níveis intermédios. Esta estrutura evita cenários em que certos caminhos na árvore são significativamente mais profundos do que outros, o que pode levar a ineficiências nas operações de pesquisa e recuperação. Em contrapartida, uma árvore com oito nós equilibrados tem uma estrutura organizacional diferente. Neste tipo de árvore, um filho não ramificado pode existir apenas no último nível totalmente preenchido do seu pai. Consequentemente, os nós no nível mais profundo não precisam de ser preenchidos uniformemente, o que leva a um equilíbrio menos rigoroso em comparação com as árvores equilibradas em altura. Isto permite uma maior flexibilidade no crescimento da árvore, mas pode resultar em ineficiências durante operações como a pesquisa e a inserção de elementos. Em resumo, uma árvore com altura equilibrada impõe a regra de que nenhum nó se pode tornar pai até que todos os nós um nível acima dele tenham filhos completamente preenchidos. Esta disposição hierárquica assegura um crescimento equilibrado e um desempenho ótimo, permitindo operações eficientes dentro da árvore. A distinção entre árvores de altura equilibrada e árvores de oito equilíbrios realça os diferentes graus de equilíbrio e flexibilidade que as diferentes estruturas de árvore podem oferecer, influenciando a sua adequação a várias aplicações na gestão e recuperação de dados. A Figura 3 abaixo fornece uma representação visual destes conceitos, mostrando claramente como as árvores de altura equilibrada são estruturadas para garantir o equilíbrio e a eficiência.

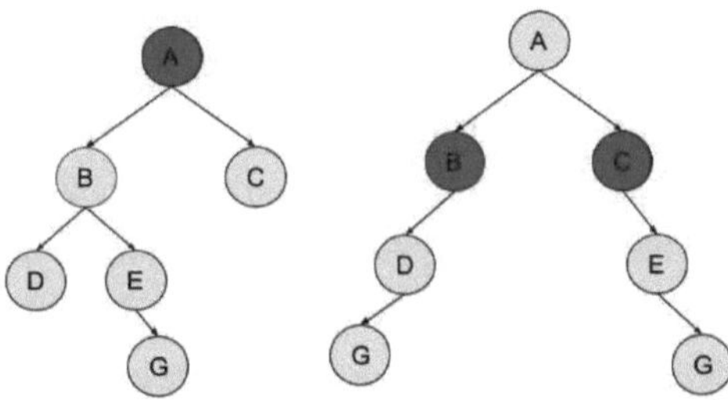

Figura 3. Árvore desequilibrada (as sub-árvores destacadas NÃO estão equilibradas)

No primeiro cenário de Árvore Binária, o nó (C) não tem filhos, enquanto o nó (E) tem. No segundo cenário, o nó (D) não pode ter filhos porque os seus nós pais no nível anterior não têm filhos. Especificamente, o nó (B) e o nó (C) não têm todos os seus filhos presentes. Como resultado, nenhuma destas árvores está em conformidade com as regras padrão das árvores com altura equilibrada e, por conseguinte, não se qualificam como árvores com altura equilibrada. As árvores AVL desempenham um papel crucial na manutenção de estruturas de dados eficientes, garantindo que a árvore permaneça equilibrada com não mais do que uma única diferença de altura entre as subárvores esquerda e direita de qualquer nó. Este equilíbrio garante que os dados são distribuídos uniformemente e que os tempos de acesso são optimizados. No pior dos casos, o tempo de acesso é equivalente à distância do centro da árvore a qualquer ponto da circunferência, garantindo operações eficientes. Além disso, as árvores de altura equilibrada, como as árvores HB[k], são concebidas para calcular eficazmente os custos computacionais associados às operações de inserção, eliminação e recuperação. Uma árvore HB[k] é um tipo de árvore binária enraizada em que cada nó obedece à propriedade HB[k]: a diferença de altura entre as subárvores esquerda e direita de qualquer nó não excede k. A altura de uma árvore é definida como o comprimento do caminho mais longo entre o nó raiz e um nó folha. Esta propriedade de equilíbrio assegura operações de árvore eficientes e melhora o desempenho global (Karlton, P. L., et al., 1976).

2. *Árvore de peso equilibrado*

Uma árvore de peso equilibrado (WBT) é um tipo de árvore de pesquisa binária em que o equilíbrio é determinado com base nos tamanhos das subárvores enraizadas em cada nó. Numa WBT, o equilíbrio é mantido assegurando que os tamanhos das subárvores esquerda e direita são mantidos dentro de um determinado rácio ou limite de peso, o que ajuda a manter a árvore equilibrada para operações eficientes. Este critério de equilíbrio é crucial para otimizar as operações de pesquisa, inserção e eliminação. Apesar da robustez teórica das WBTs, as implementações práticas podem enfrentar desafios. Especificamente, muitas operações, tais como eliminações ou modificações, podem perturbar o equilíbrio da árvore. Este problema resulta da complexidade da escolha de parâmetros de rotação adequados para restabelecer o equilíbrio. Num WBT, há dois parâmetros-chave que têm de ser cuidadosamente geridos: um para garantir o equilíbrio padrão e outro para decidir entre rotações simples ou duplas. Estes desafios são particularmente evidentes em cenários práticos, apesar da utilização generalizada de algoritmos WBT em linguagens de programação funcionais. Quando uma operação como a eliminação é efectuada, pode por vezes levar a uma situação em que o equilíbrio da árvore não é efetivamente restaurado, o que conduz a ineficiências. Isto deve-se à dificuldade em selecionar os parâmetros de rotação corretos que manterão o equilíbrio da árvore após a operação. A seleção dos parâmetros de rotação é crucial porque tem um impacto direto na capacidade da árvore para se reequilibrar. Para alcançar o equilíbrio padrão numa árvore de pesquisa binária, é essencial manter um rácio de peso específico entre as subárvores. Este rácio de peso garante que a árvore permanece equilibrada e tem um desempenho eficiente. Ao lidar com desequilíbrios, as rotações são utilizadas para restaurar o equilíbrio, mas a escolha entre rotações simples e duplas é crucial. A decisão sobre qual rotação aplicar depende da estrutura particular da árvore desequilibrada e dos requisitos específicos de equilíbrio naquele momento.

Escolhas incorrectas na seleção do tipo de rotação ou a sua aplicação inadequada podem levar a um desempenho inferior ao ideal da árvore, podendo não atingir o equilíbrio desejado. Isto pode resultar em ineficiências durante operações como inserções, eliminações e pesquisas, uma vez que a árvore pode não manter as suas propriedades equilibradas de forma eficaz.

Embora as árvores com pesos equilibrados (WBT) sejam teoricamente robustas e ofereçam vantagens significativas na manutenção do equilíbrio, a sua implementação prática exige um tratamento meticuloso dos parâmetros de rotação. Garantir que a árvore permanece equilibrada após as modificações requer ajustes algorítmicos precisos e uma consideração cuidadosa das técnicas de restauração do equilíbrio. Esta complexidade realça a importância de compreender as nuances das estratégias de rotação e o seu impacto no equilíbrio e desempenho global da árvore. A implementação correta destes ajustes é crucial para tirar partido das vantagens teóricas das WBTs em aplicações do mundo real, onde a manutenção de um equilíbrio ótimo é essencial para uma gestão e recuperação eficientes dos dados. (Hirai, Y., & Yamamoto, K., 2011).

c. *Árvore binária alargada*

Uma árvore binária alargada é uma transformação de uma árvore binária standard numa árvore binária completa, substituindo todas as subárvores nulas por "nós especiais". Nesta estrutura aumentada, os nós originais da árvore binária são reclassificados como nós internos, enquanto os "nós especiais" recentemente introduzidos funcionam como nós externos. Esta modificação garante que todas as subárvores nulas da árvore binária original são substituídas, resultando numa árvore totalmente preenchida. O processo de criação de uma árvore binária alargada envolve a adição de "nós especiais" para preencher as lacunas deixadas pelas subárvores nulas. Ao fazê-lo, a árvore atinge uma estrutura completa em que todos os níveis, exceto possivelmente o último, estão totalmente preenchidos. O último nível é preenchido da esquerda para a direita, garantindo que todos os nós são posicionados de forma consistente com uma árvore binária completa. Numa Árvore Binária Estendida, os nós da árvore original são preservados como nós internos, o que significa que mantêm os seus valores e posições originais na hierarquia da árvore. Os "nós especiais", que são adicionados para substituir as subárvores nulas, são normalmente espaços reservados que completam a estrutura da árvore binária. Esses "nós especiais" não contêm dados relevantes para a árvore original, mas servem para garantir que a árvore esteja em conformidade com a definição de uma árvore binária completa. Esta transformação é valiosa porque permite que qualquer árvore binária, independentemente da sua completude ou equilíbrio inicial, seja representada como uma árvore binária completa. O formato de árvore binária alargada simplifica determinadas operações e algoritmos que requerem uma estrutura de árvore binária completa, como as que envolvem a passagem, manipulação ou análise de árvores. Ao incorporar "nós especiais" onde anteriormente existiam subárvores nulas, a Árvore Binária Alargada garante que a estrutura está totalmente preenchida e equilibrada. Isto garante que todas as operações efectuadas na árvore, como a inserção, eliminação e passagem, podem ser tratadas de forma eficiente e uniforme. O conceito de árvores binárias estendidas é crucial em várias aplicações em que uma árvore binária completa e bem estruturada é benéfica (Rajeswari, P., et al., 2010).

D. *Árvores óptimas Pesquisa binária*

Uma árvore de pesquisa binária óptima (Optimal BST), também conhecida como árvore binária ponderada, é uma árvore de pesquisa binária especializada concebida para minimizar o tempo de pesquisa, ou o tempo de pesquisa esperado, para uma determinada sequência de probabilidades de acesso. O objetivo de uma BST óptima é organizar os nós de forma a minimizar o custo global da pesquisa de várias chaves com base nas suas frequências de acesso.

Esta abordagem garante que as chaves mais frequentemente acedidas são colocadas mais perto da raiz, reduzindo o tempo médio de pesquisa. A Figura 4 fornece uma representação visual deste conceito, ilustrando como uma BST óptima é estruturada para obter operações de pesquisa eficientes. Essas árvores são classificadas em dois tipos principais:

1. **BSTs estáticos óptimos:** Estas árvores são construídas com base num conjunto fixo de probabilidades de acesso e não se adaptam a alterações nos padrões de acesso. São concebidas para serem óptimas para uma sequência específica e pré-determinada de acessos.

2. **BSTs dinâmicos óptimos:** Estas árvores são capazes de se adaptar às mudanças nos padrões de acesso ao longo do tempo. Ajustam a sua estrutura de forma dinâmica para manter um desempenho de pesquisa ótimo à medida que a sequência de probabilidades de acesso evolui.

Ambos os tipos visam aumentar a eficiência das operações de pesquisa, minimizando o tempo de pesquisa com base nas probabilidades de acesso ponderadas, garantindo assim que os elementos frequentemente acedidos possam ser recuperados mais rapidamente.

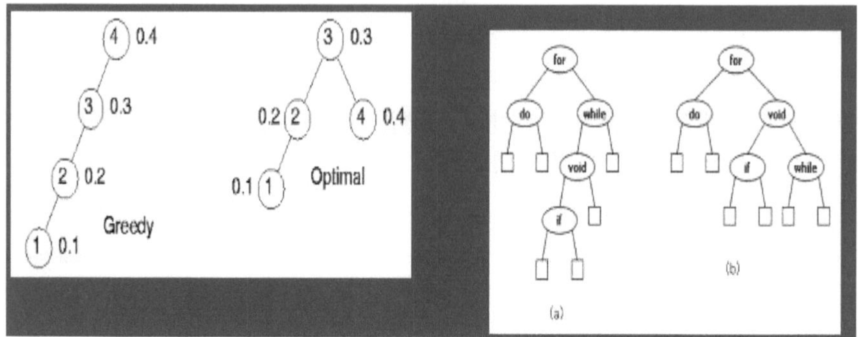

Figura 4. Utilizar a árvore de pesquisa binária _Graph

No problema da optimalidade estática, uma vez construída uma árvore de pesquisa binária (BST), esta permanece inalterada. O objetivo aqui é desenhar os nós da árvore de modo a que o tempo de pesquisa esperado seja minimizado com base num conjunto fixo de probabilidades de acesso. Isto implica determinar a disposição óptima dos nós para obter o tempo médio de pesquisa mais curto possível. Podem ser utilizados vários algoritmos para construir ou aproximar uma BST estaticamente óptima utilizando os dados de probabilidade de acesso fornecidos.

Em contrapartida, o problema da otimização dinâmica permite modificar a BST ao longo do tempo. Ao contrário das árvores óptimas estáticas, as árvores óptimas dinâmicas podem ser ajustadas, normalmente através de rotações da árvore, para refletir melhor as alterações nos padrões de acesso. Neste cenário, um cursor que começa na raiz da árvore pode ser utilizado para efetuar operações que ajustam a estrutura da árvore. Existe uma sequência de operações de custo mínimo que permite ao cursor visitar cada nó numa ordem especificada com base na sequência de acesso pretendida. O objetivo é manter ou atingir uma eficiência de pesquisa óptima de forma dinâmica à medida que os padrões de acesso se alteram.

A hipótese é que as árvores splay, um tipo de árvore de pesquisa binária auto-ajustável, mantêm um rácio competitivo constante em comparação com a árvore dinamicamente óptima. Isto significa que, embora as árvores splay possam não ser sempre perfeitamente óptimas, acredita-se que o seu desempenho seja próximo do da árvore dinamicamente óptima. No entanto, esta hipótese continua por provar e é uma área de investigação em curso no domínio das estruturas de dados.

Quadro 1: Resumo dos resultados do inquérito

Nome dos investigadores	**Revisão da literatura de estudos anteriores**
Vinod, P., etal., (2006)	Este artigo apresenta um novo design para a Árvore de Pesquisa Binária (BST), uma estrutura gráfica amplamente utilizada para melhorar a organização dos dados e otimizar as operações de pesquisa. A BST é fundamental para a recuperação eficiente de dados devido à sua estrutura organizada, que permite um acesso rápido aos elementos de dados. Para obter uma configuração óptima da BST, foi desenvolvida uma série de conjuntos de instruções e algoritmos informáticos. Estes conjuntos de instruções têm como objetivo afinar a estrutura da BST para minimizar os tempos de pesquisa e melhorar o desempenho global. Os recentes avanços na conceção da BST incluem métodos inovadores que se centram no aumento da eficiência e do desempenho. Estas abordagens modernas utilizam algoritmos e técnicas sofisticados para resolver as limitações das implementações tradicionais de BST. Ao incorporar estas novas metodologias, o objetivo é otimizar o desempenho da BST, tornando-a mais eficaz no tratamento de várias tarefas de recuperação de dados. O projeto proposto assenta na base do trabalho anterior, mas introduz melhorias que prometem proporcionar melhores resultados. Isto inclui a otimização dos mecanismos de equilíbrio da BST e o aperfeiçoamento dos algoritmos de pesquisa para reduzir a latência e aumentar a velocidade. O documento explora estes avanços recentes em pormenor, destacando o seu potencial para aumentar a eficiência das operações da BST. Em termos gerais, a conceção proposta representa um avanço significativo na tecnologia BST, com o objetivo de fornecer uma solução mais robusta e de elevado desempenho para gerir e aceder a dados. As ideias e melhorias discutidas neste documento oferecem contributos valiosos para a evolução contínua das estruturas de dados, particularmente no contexto da otimização das operações de pesquisa e da melhoria do desempenho geral do sistema.
	Este sistema apresenta uma técnica de melhoramento em várias fases para Árvores de Pesquisa Binárias (BSTs), com o objetivo de otimizar

AbouEisha, H., et al., (2019	tanto a profundidade média ponderada como a profundidade ponderada. A abordagem envolve uma análise abrangente e a melhoria da estrutura BST para aumentar a eficiência da pesquisa. Ao concentrar-se nestas métricas específicas, a técnica procura aperfeiçoar o desempenho das BSTs, garantindo uma recuperação de dados mais eficiente. Para modelar as potenciais acções e configurações das BST, o sistema utiliza um gráfico acíclico dirigido (DAG). Este gráfico representa todas as disposições e transformações possíveis das estruturas BST, permitindo uma análise pormenorizada do impacto das diferentes configurações no desempenho. Ao mapear estas configurações, o sistema pode identificar e implementar ajustes óptimos para melhorar a eficiência global do BST. A técnica de melhoramento em várias fases foi concebida para abordar vários factores de desempenho nas BST, proporcionando uma abordagem estruturada para obter melhores tempos de pesquisa e recuperação. Este método não só optimiza as configurações BST existentes, como também explora novas possibilidades para melhorar a organização e o acesso aos dados dentro da estrutura em árvore.
Wright,W.E., (1980).	As avaliações abrangem uma gama de algoritmos concebidos para diferentes tipos de árvores de pesquisa binárias (BST), incluindo árvores de altura equilibrada, árvores de peso equilibrado, árvores de equilíbrio limitado e vários algoritmos híbridos. Cada um destes tipos de árvores oferece vantagens e desafios únicos na manutenção e otimização do desempenho da pesquisa. As árvores com altura balanceada, como as árvores AVL, garantem que a diferença de altura entre as subárvores esquerda e direita de qualquer nó seja mantida dentro de um limite específico, promovendo operações de pesquisa eficientes. As árvores com balanceamento de peso, por outro lado, concentram-se no balanceamento dos tamanhos das subárvores para manter a eficiência operacional. As árvores de equilíbrio limitado, como as árvores Red-Black, estabelecem um equilíbrio entre o equilíbrio rigoroso e o relaxado para otimizar determinadas operações de árvore. Os algoritmos híbridos combinam caraterísticas de vários tipos de árvores para aproveitar os pontos fortes de cada um, com o objetivo de alcançar um equilíbrio ótimo entre desempenho e complexidade. Estas abordagens híbridas têm frequentemente como objetivo melhorar as limitações dos tipos de árvores individuais através da integração de várias estratégias de balanceamento. As comparações e avaliações empíricas destes algoritmos centram-se na sua eficácia na manutenção e utilização dinâmicas das BST. Isto inclui a avaliação da forma como cada algoritmo lida com operações como a inserção, a eliminação e a pesquisa em condições simuladas que imitam cenários do mundo real. Os critérios de avaliação centram-se em métricas de desempenho, como a eficiência da pesquisa, os tempos de inserção e eliminação e a manutenção geral da estrutura da árvore. Ao analisar estes factores, as avaliações visam determinar a eficácia com que cada algoritmo mantém o seu equilíbrio e desempenho em ambientes dinâmicos, fornecendo informações sobre a sua adequação a várias aplicações e cenários.

Hirai, Y., & Yamamoto, K., (2011)	Este artigo apresenta um novo algoritmo interativo concebido para equilibrar uma árvore de pesquisa binária gerada aleatoriamente dentro de restrições temporais indirectas. Uma versão melhorada deste algoritmo é desenvolvida para processamento paralelo, utilizando um modelo de memória partilhada para melhorar o desempenho. Especificamente, a variante paralela utiliza (N) processadores, em que (N) é igual ao número de nós na árvore de pesquisa binária, para otimizar o processo de equilíbrio. Esta abordagem permite ao algoritmo gerir e processar eficazmente a estrutura da árvore, assegurando que o equilíbrio é conseguido eficazmente em vários processadores. Ao integrar estas técnicas de processamento paralelo, o algoritmo acelera significativamente as operações de equilíbrio, demonstrando uma melhoria acentuada na eficiência computacional em comparação com os métodos tradicionais.
Karlton, P. L., et al., (1976)	As avaliações abrangem uma série de algoritmos desenvolvidos para gerir diferentes tipos de árvores equilibradas, incluindo árvores equilibradas em termos de altura, árvores equilibradas em termos de peso, árvores equilibradas em termos de limites e algoritmos híbridos. Estas avaliações envolvem uma comparação empírica exaustiva destes algoritmos para compreender a sua eficácia na gestão e utilização dinâmicas de árvores de pesquisa binárias. O foco principal da avaliação é o desempenho destes algoritmos em cenários de pesquisa simulados, o que oferece informações valiosas sobre a sua eficácia prática. Através da simulação de várias condições de pesquisa, as avaliações analisam até que ponto cada algoritmo mantém o equilíbrio e a eficiência sob alterações dinâmicas na estrutura da árvore. Isto inclui examinar a capacidade dos algoritmos para lidar com inserções, eliminações e pesquisas, preservando o equilíbrio ótimo e minimizando os tempos de pesquisa. Os resultados destas avaliações fornecem uma compreensão abrangente dos pontos fortes e limitações de cada algoritmo, ajudando a determinar a sua adequação a diferentes necessidades e cenários computacionais. Através desta avaliação detalhada, o estudo tem como objetivo identificar as abordagens mais eficazes para a gestão de árvores equilibradas em diversas aplicações, assegurando que o algoritmo escolhido pode satisfazer as exigências específicas do ambiente computacional em causa.
Potapov, D. R., (2019)	O investigador investigou a utilização de estruturas de dados multidimensionais em vários domínios, incluindo a física, a biologia, a ciência política, a medicina e a tecnologia. O foco foi a forma como estas estruturas abordam caminhos complexos e enfrentam diversos desafios em áreas como as bases de dados multimédia, a animação e a computação gráfica. O artigo destaca o papel fundamental que as estruturas multidimensionais desempenham na gestão de dados complexos e na resolução de problemas inerentes a estes domínios. Ao examinar as suas aplicações, a investigação sublinha o modo como estas estruturas melhoram o tratamento de conjuntos de dados

	complexos e contribuem para os avanços da tecnologia e da análise. A discussão abrange o modo como as estruturas de dados multidimensionais são utilizadas para otimizar o desempenho e a precisão no processamento e na visualização de dados, demonstrando a sua importância na melhoria da eficiência e dos resultados nos domínios mencionados.
Goyal, N., & Gupta,M., (2019)	O estudo centra-se na melhoria do desempenho da Árvore de Pesquisa Binária (BST) através da introdução de uma nova construção de certificado de limite inferior. Este certificado define restrições de desempenho que se aplicam a qualquer algoritmo, estabelecendo limites para a eficiência com que as operações BST podem ser efectuadas. Ao definir estas restrições, o estudo fornece uma referência para avaliar e otimizar futuros algoritmos. Esta abordagem ajuda a garantir que novos métodos desenvolvidos para BSTs operem dentro de limites de eficiência conhecidos, contribuindo para avanços gerais em estruturas de dados baseadas em árvores.
Alabdullah, B., Beloff, N., & White, M. (2021)	É utilizada uma estrutura de dados em árvore de pesquisa binária equilibrada para minimizar os custos gerais, enquanto é utilizada uma compensação dinâmica para melhorar significativamente as medidas de segurança.
Rajeswari, P. R., Apparao, A., & Kumar, R. K. (2010)	O processo descrito centra-se na conversão de qualquer árvore binária numa árvore binária completa, designada por árvore binária alargada. Esta transformação envolve uma modificação sistemática da estrutura da árvore original para atingir a completude. Especificamente, o método substitui as subárvores nulas na árvore binária original por "nós especiais". Estes nós especiais actuam como espaços reservados para preencher as lacunas criadas pela ausência de filhos nas subárvores nulas. O resultado é uma árvore em que todos os níveis, exceto possivelmente o último, estão completamente preenchidos e todos os nós estão o mais à esquerda possível. Esta abordagem garante que a árvore adere às propriedades de uma árvore binária completa, onde cada nó tem dois filhos ou nenhum, e a árvore é equilibrada com uma estrutura uniforme. Ao empregar esta transformação, a árvore binária estendida torna-se mais adequada para várias aplicações que requerem uma estrutura completa e equilibrada, tais como certos algoritmos e tarefas de processamento de dados. A utilização de nós especiais ajuda a manter a integridade da estrutura da árvore, permitindo operações e análises mais eficientes.
	Os investigadores estudam um algoritmo interativo simples mas eficaz destinado a equilibrar uma árvore de pesquisa binária aleatória em tempo logarítmico. Este algoritmo está estruturado para gerir eficazmente o processo de equilíbrio, tirando partido das propriedades inerentes às árvores de pesquisa binárias. O núcleo do algoritmo

Haq, E., Cheng, Y., & Iyengar, S. S. (1988)	envolve o ajuste iterativo da árvore para manter o equilíbrio, assegurando que operações como a inserção e a eliminação são efectuadas em tempo logarítmico. Para melhorar ainda mais o desempenho deste algoritmo de equilíbrio, os investigadores desenvolveram uma versão paralela utilizando um modelo de memória partilhada. Este algoritmo paralelo baseia-se na abordagem iterativa do algoritmo original, mas distribui a carga de trabalho por vários processadores. Ao adotar uma arquitetura de memória partilhada, a versão paralela permite uma comunicação e coordenação eficientes entre processadores, cada um dos quais lida simultaneamente com diferentes segmentos da árvore. O algoritmo paralelo utiliza N processadores, em que N representa o número total de nós na árvore de pesquisa binária. Esta abordagem maximiza a eficiência computacional, dividindo a tarefa de equilíbrio em unidades mais pequenas que podem ser processadas em simultâneo. Cada processador trabalha no balanceamento de um subconjunto da árvore, o que ajuda a agilizar o processo geral e a obter o balanceamento desejado da árvore mais rapidamente do que com uma abordagem seqüencial. A integração do processamento paralelo com o algoritmo de balanceamento iterativo demonstra uma melhoria significativa na eficiência, particularmente para árvores grandes e complexas. O modelo de memória partilhada garante que os processadores podem colaborar e sincronizar eficientemente os seus esforços, conduzindo a uma solução robusta e escalável para o equilíbrio de árvores de pesquisa binárias. Esta investigação destaca os benefícios da combinação de algoritmos interactivos com técnicas avançadas de computação paralela para melhorar o desempenho e a escalabilidade das tarefas computacionais.
Bose, P., Douïeb, K., & Langerman, S. (2008)	A conjetura de Sleator e Tarjan propõe que as árvores splay são árvores de pesquisa binárias dinamicamente óptimas. De acordo com esta conjetura, as árvores splay oferecem o melhor desempenho para uma variedade de padrões de acesso, uma vez que se ajustam para melhorar os tempos de acesso futuros com base em operações recentes. Para aprofundar este conceito, os investigadores investigam a estrutura de dados da lista de saltos de Pugh, que oferece informações sobre as limitações do tempo de acesso. Especificamente, a lista de saltos demonstra um limite do conjunto de trabalho, estabelecendo um limite inferior para os tempos de acesso que podem ser alcançados. Com base nestas descobertas, é desenvolvido um novo tipo de lista de saltos auto-ajustável dinamicamente optimizada. Esta estrutura de dados avançada combina as vantagens dos mecanismos de auto-ajustamento com a eficiência das listas de saltos, obtendo melhorias significativas no desempenho operacional. A lista de saltos auto-ajustável e dinamicamente optimizada foi concebida para lidar eficazmente com padrões de acesso dinâmicos, garantindo que se mantém eficiente mesmo quando os dados mudam ao longo do tempo. A lista de saltos recentemente desenvolvida funciona eficazmente tanto na memória principal como em contextos de armazenamento externo, demonstrando a sua versatilidade e

	adaptabilidade. A sua capacidade de manter um elevado desempenho em diferentes ambientes de armazenamento torna-a uma ferramenta valiosa para aplicações que requerem um acesso rápido e fiável aos dados. Ao incorporar funcionalidades de auto-ajuste, esta lista de saltos minimiza os tempos de acesso e melhora a eficiência operacional global, tornando-a uma solução robusta para a gestão de conjuntos de dados dinâmicos. De um modo geral, a investigação sublinha o potencial das estruturas de dados auto-ajustáveis para atingir um desempenho ótimo e fornece uma abordagem prática para equilibrar a eficiência e a adaptabilidade em vários cenários de armazenamento.
Harmon, D. D. K. (2006).	O investigador apresenta as árvores Tango, um novo algoritmo de árvore de pesquisa binária (BST) com um rácio competitivo de (O(log \log n)), que é comparável ao método offline de Munro de 2000. Esta tese estende a abordagem de Munro a contextos online, demonstrando que as árvores Tango mantêm a eficiência dentro de um fator constante. Ao adaptar o método offline de Munro para utilização online, a investigação valida o desempenho das árvores Tango em operações dinâmicas, garantindo que permanecem competitivas mesmo com actualizações em tempo real. Além disso, a tese estabelece um novo benchmark ótimo dentro de uma nova classe de limites inferiores para o desempenho de BST offline. Este parâmetro de referência fornece um ponto de referência fundamental para avaliar a eficácia dos algoritmos BST, estabelecendo um padrão para futuras comparações e melhorias no domínio.
Singh, A., Garg, S., Kaur, R., Batra, S., Kumar, N., & Zomaya, A. Y. (2020).	O estudo investiga a aplicação de estruturas de dados probabilísticas (PDS) para uma gestão e acesso eficientes aos dados, com especial incidência em aplicações de grandes volumes de dados e de fluxo contínuo. As PDS foram concebidas para resolver as limitações das estruturas de dados tradicionais, fornecendo soluções rápidas e eficientes em termos de espaço para o tratamento de conjuntos de dados em grande escala. Uma das principais vantagens dos PDS é a sua capacidade de eliminar procedimentos analíticos de alta latência, que são frequentemente necessários para o processamento de dados extensos em métodos convencionais. Em vez disso, os PDS oferecem aproximações com limites de erro, permitindo respostas rápidas e aproximadas com limites de precisão garantidos. O estudo também explora a utilização de funções de hash no PDS para cálculos baseados em fluxos, o que é fundamental para a gestão de dados que chegam continuamente e precisam de ser processados em tempo real. Ao tirar partido das funções de hash, o PDS pode tratar eficazmente as consultas, otimizar o armazenamento e melhorar a eficiência da recuperação em ambientes dinâmicos. É efectuada uma análise comparativa para avaliar os pontos fortes do PDS em relação a outras estratégias de gestão de dados. Esta comparação realça as vantagens específicas dos PDS, como a redução da latência e a menor utilização de memória, e demonstra como

	superam as estruturas de dados tradicionais em determinados contextos. Além disso, são apresentadas provas matemáticas para fundamentar o desempenho dos PDS em várias métricas, garantindo uma avaliação rigorosa da sua eficácia. Estas provas oferecem uma visão sobre os fundamentos teóricos do PDS, apoiando as suas vantagens práticas e validando a sua adequação aos desafios modernos da gestão de dados. Globalmente, o estudo sublinha a importância dos PDS no avanço das técnicas de tratamento de dados, nomeadamente no domínio das aplicações de grandes volumes de dados e de fluxo contínuo.
Tarrataca, L., & Wichert, A. (2011).	O estudo explora a integração de conceitos de pesquisa clássica com o algoritmo de Grover para formar um sistema híbrido de pesquisa quântica. As principais considerações incluem: (1) as implicações da utilização de factores de ramificação não constantes; e (2) os efeitos da introdução de métodos heurísticos num modelo de pesquisa em árvore quântica. Os algoritmos tradicionais de pesquisa em árvore fornecem uma estrutura para modelar o comportamento de resolução de problemas, com uma ampla gama de problemas expressáveis como tarefas de pesquisa em árvore. A computação quântica, em particular o algoritmo de Grover, tem atraído uma atenção significativa pela sua capacidade de atingir uma velocidade quadrática nos processos de pesquisa.
Khayal, M. S. H. (2009, abril)	As árvores de pesquisa binárias (BST) são uma das técnicas mais utilizadas para pesquisar em estruturas de dados não lineares. No entanto, se a BST não for mantida de forma óptima, as operações de pesquisa e inserção podem exigir comparações adicionais. Na literatura, foram propostos numerosos algoritmos BST para manter a árvore numa forma óptima. Embora a maioria dos investigadores se tenha concentrado na análise do tempo total de execução destes algoritmos, pouca atenção foi dada à determinação do algoritmo BST mais adequado para cenários específicos. Este documento apresenta uma comparação exaustiva das técnicas existentes, permitindo aos criadores de software selecionar o algoritmo BST adequado com base nas suas necessidades de gestão de dados.
Austern, M. H., Stroustrup, B., Thorup, M., & Wilkinson, J. (2003).	Uma árvore de pesquisa binária equilibrada pode ser definida por dois componentes-chave: a sua estratégia de pesquisa e a sua estratégia de equilíbrio. Este artigo apresenta um método para dissociar estas estratégias, permitindo que sejam expressas de forma independente, comunicando apenas através de operações fundamentais como rotações. Esta flexibilidade permite a combinação arbitrária de várias técnicas de balanceamento, tais como as árvores vermelho-preto e as árvores splay, com diferentes aplicações de pesquisa, incluindo a pesquisa de chaves e a pesquisa de classificações. Em particular, demonstramos que a pesquisa óptima de cadeias de caracteres pode ser representada como uma aplicação de pesquisa em qualquer árvore binária equilibrada. Os investigadores implementam a nossa estrutura em C++, utilizando modelos extensivos e inlining para manter a eficiência. Esta conceção separa o balanceamento da pesquisa, alcançando níveis de desempenho que rivalizam com as implementações populares de árvores binárias. Além disso, as funcionalidades comuns, como verificações de correção

	e medições de tempo, não precisam de ser reescritas para cada implementação de árvore específica. Esta estrutura partilhada simplifica a experimentação com diferentes estruturas de árvores e algoritmos de pesquisa. Como demonstração das suas capacidades, apresentamos comparações de árvores vermelho-preto, árvores splay e treaps, destacando as vantagens da nossa abordagem em termos de flexibilidade e desempenho em estruturas de dados dinâmicas.
Bronson, N. G., Casper, J., Chafi, H., & Olukotun, K. (2010)	Os investigadores apresentam um algoritmo de árvore AVL de equilíbrio relaxado concorrente concebido para velocidade, escalabilidade e resistência à contenção. Este algoritmo aproveita técnicas optimistas inspiradas na memória transacional de software, incorporando ao mesmo tempo conhecimentos específicos sobre a árvore AVL para minimizar a sobrecarga e evitar novas tentativas desnecessárias. Além disso, melhoramos o algoritmo com uma operação rápida de clone linearizável, facilitando a iteração consistente sobre a árvore. Os resultados experimentais demonstram que o nosso algoritmo tem um desempenho superior ao de uma lista de saltos simultânea altamente optimizada em vários padrões de acesso. Atinge uma média de 39% de rendimento superior em cenários single-threaded e 32% de rendimento superior em contextos multi-threaded, mesmo sob diferentes níveis de contenção e diversas combinações de operações. Esta evidência realça a eficácia da nossa abordagem na gestão de operações simultâneas, mantendo um elevado desempenho em estruturas de dados baseadas em árvores.
Kozma, L. (2016).	Esta tese investiga o problema clássico da procura de uma sequência de chaves numa árvore de pesquisa binária (BST), permitindo que a árvore seja reorganizada após cada pesquisa. Embora tenha sido realizada investigação substancial nesta área, a nossa compreensão das capacidades e limitações do modelo ainda não está totalmente desenvolvida. Esta tese dá vários contributos significativos para este domínio de estudo. Em primeiro lugar, define vários modelos computacionais que facilitam a análise dos algoritmos BST, clarificando os pressupostos existentes e oferecendo um quadro estruturado para investigação futura. Em segundo lugar, generaliza o conhecido algoritmo Splay, um algoritmo BST popular com várias propriedades de eficiência comprovadas, fornecendo novos conhecimentos sobre a sua eficácia operacional. Além disso, a tese analisa as sequências de consulta examinando os seus padrões evitados, um conceito da combinatória que revela propriedades estruturais mais profundas. Esta investigação destaca que as entradas que evitam padrões podem ser servidas de forma mais eficiente do que as garantias convencionais de pior caso logarítmico sugerem, introduzindo assim novas barreiras para alcançar a otimização dinâmica. A tese também apresenta uma nova interpretação da procura em BSTs através da lente das rectangulações, uma estrutura combinatória. Esta ligação oferece uma nova perspetiva sobre os modelos BST e aborda questões anteriormente sem resposta na literatura. Além disso, ao longo da tese, são identificados vários problemas em aberto, com o objetivo de reunir informação que se encontra frequentemente dispersa por várias fontes.

	Ao articular estas questões intermédias, a tese fornece um roteiro para a investigação futura na área das árvores de pesquisa binárias, encorajando uma maior exploração e inovação na abordagem dos desafios associados à optimalidade dinâmica e às estratégias de rearranjo de árvores.
Bose, P., Douïeb, K., & Langerman, S. (2008, janeiro).	Sleator e Tarjan [39] conjecturaram que as árvores de repetição funcionam como árvores de pesquisa binárias (BSTs) dinamicamente óptimas. Neste contexto, exploramos a estrutura de dados da lista de saltos introduzida por Pugh [35]. Demonstramos que, para uma classe específica de listas de saltos que aderem a uma propriedade de equilíbrio fraco, o limite do conjunto de trabalho serve como um limite inferior para o tempo necessário para aceder a qualquer sequência. Além disso, desenvolvemos uma lista de saltos determinística auto-ajustável que atinge tempos de execução consistentes com o limite do conjunto de trabalho, alcançando assim optimalidade dinâmica dentro desta classe. Finalmente, discutimos as implicações das nossas descobertas sobre listas de saltos para árvores de pesquisa com ramificações múltiplas, incluindo árvores B, árvores (a,b) e as suas representações em árvore binária. Nomeadamente, apresentamos uma árvore B auto-ajustável que mantém a optimalidade dinâmica em contextos de memória interna e externa.
Nguyen, B. H., Xue, B., Andreae, P., & Zhang, M., (2019)	A otimização por enxame de partículas (PSO) é um algoritmo de otimização heurística utilizado principalmente em domínios contínuos, enquanto a PSO binária modifica estes princípios para domínios binários. No entanto, o PSO binário tradicional, que toma emprestados os conceitos de velocidade e momento da sua contraparte contínua, sofre frequentemente de limitações de desempenho. Em pesquisas anteriores, os autores redefiniram o momento como uma propriedade de aderência e a velocidade como uma probabilidade de inversão, o que levou à criação do PSO binário pegajoso. Embora esta abordagem inicial tenha criado uma base sólida, salientou a necessidade de uma investigação mais aprofundada de vários factores críticos. Este artigo apresenta um novo algoritmo, denominado PSO dinâmico sticky binário, que incorpora uma estratégia de controlo dinâmico de parâmetros baseada numa análise de exploração e aproveitamento em espaços de pesquisa binários. A eficácia do algoritmo proposto é avaliada em comparação com quatro algoritmos binários dinâmicos do estado da arte, centrando-se em dois tipos de problemas: problemas de mochila e seleção de caraterísticas. Os resultados experimentais indicam que os conceitos de velocidade e momento recentemente definidos permitem que o PSO dinâmico sticky binary obtenha melhores soluções do que os algoritmos de referência em conjuntos de dados de mochila. Além disso, em tarefas de seleção de caraterísticas, a estratégia dinâmica tira partido destas definições de movimento para produzir subconjuntos de caraterísticas mais pequenos com melhor desempenho de classificação. Esta investigação é significativa, uma vez que explora sistematicamente quatro conceitos essenciais - velocidade, impulso, exploração e aproveitamento - no PSO binário, melhorando a procura de soluções óptimas em cenários de problemas binários.

Conclusão

Este artigo aborda o tema crucial do equilíbrio de árvores de pesquisa binárias (BST), que é essencial para manter uma estrutura de árvore óptima e garantir um desempenho eficiente. O balanceamento de uma BST normalmente envolve o uso de rotações para ajustar a estrutura da árvore. A maioria das técnicas de balanceamento utiliza rotações simples ou duplas para restaurar o equilíbrio. A rotação simples envolve uma sequência de quatro passos para corrigir desequilíbrios, enquanto a rotação dupla é mais complexa, exigindo duas fases distintas: a primeira induz uma inclinação na árvore e a segunda fase corrige essa inclinação. Este artigo apresenta uma nova abordagem ao balanceamento da BST que oferece uma alternativa aos métodos de rotação tradicionais. Esta nova técnica tem como objetivo aumentar a eficiência do algoritmo, particularmente na melhoria dos cenários de desempenho médio e de pior caso. Ao aperfeiçoar o processo de equilíbrio, o método proposto reduz o número de etapas de reestruturação necessárias em mais de metade na situação mais desfavorável, que normalmente requer uma rotação dupla. Esta redução significativa das etapas de reestruturação contribui para melhorar o desempenho e a eficiência. Apesar das vantagens inerentes às BSTs em termos de capacidade de pesquisa rápida, elas podem ocasionalmente ficar aquém, especialmente em cenários que envolvem BSTs no pior dos casos. Nesses casos, o desempenho da árvore pode degradar-se, exigindo técnicas de equilíbrio mais sofisticadas para manter a eficiência. O problema da otimização dinâmica, em que a árvore pode ser modificada a qualquer momento, complica ainda mais a tarefa de equilíbrio. Normalmente, as modificações na árvore são geridas através de rotações, com um cursor posicionado na raiz para facilitar estes ajustes. A técnica proposta aborda estes desafios, oferecendo um método mais eficaz para equilibrar BSTs, reduzindo o número de rotações necessárias e melhorando assim o desempenho global. Este avanço não só melhora os cenários de caso médio, como também fornece uma solução robusta para as piores condições. A abordagem inovadora apresentada neste documento contribui significativamente para o campo das estruturas de dados, assegurando que os BSTs podem atingir um equilíbrio e uma eficiência óptimos numa série de cenários.

Referências

[1] AbouEisha, H., Amin, T., Chikalov, I., Hussain, S., & Moshkov, M. (2019). *Extensões de programação dinâmica para otimização combinatória e mineração de dados* (Vol. 146). Berlim: Springer.

[2] Alabdullah, B., Beloff, N., & White, M. (2021). E-ART: um novo algoritmo de criptografia baseado na reflexão da árvore de pesquisa binária. Cryptography 2021, 5, 4.

[3] Vinod, P., Pushpa, S., & Maple, C. (2006, julho). Manutenção de uma árvore de pesquisa binária aleatória de forma dinâmica. Na Décima Conferência Internacional sobre Visualização de Informação (IV'06) (pp. 483-488). IEEE.

[4] Wright, W. E. (1980, janeiro). Uma avaliação empírica de algoritmos para manter dinamicamente árvores de pesquisa binárias. Em Proceedings of the ACM 1980 annual conference (pp. 505-515).

[5] Haq, E., Cheng, Y., & Iyengar, S. S. (1988, abril). New algorithms for balancing binary search trees. Em Conference Proceedings' 88, IEEE Southeastcon (pp. 378-382). IEEE.

[6] Hirai, Y., & Yamamoto, K. (2011). Balanceamento de árvores com peso balanceado. Journal of Functional Programming, 21(3), 287-307.

[7] Karlton, P. L., Fuller, S. H., Scroggs, R. E., & Kaehler, E. B.(1976). Performance of height-balanced trees. Communications of the ACM, 19(1), 23-28.

[8] Potapov, D. R. (2019, abril). Uso de estruturas de dados multidimensionais em armazenamentos de dados adaptativos. No Jornal de Física: Série de conferências (Vol. 1202, No. 1, p. 012020). Publicação IOP.

[9] Goyal, N., & Gupta, M. (2019). Melhor análise da árvore de pesquisa binária em sequências decomponíveis. Theoretical Computer Science, 776, 19-42.

[10] Rajeswari, P. R., Apparao, A., & Kumar, R. K. (2010). Huffbit compress-Algoritmo para comprimir sequências de DNA usando árvores binárias estendidas. Journal of Theoretical and Applied Information Technology, 13(2), 101-106.

[11] Bose, P., Douïeb, K., & Langerman, S. (2008, janeiro). Optimalidade dinâmica para listas de saltos e árvores B. In *Proceedings of the nineteenth annual ACM-SIAM symposium on Discrete algorithms* (pp. 1106-1114).

[12] Harmon, D. D. K. (2006). *New bounds on optimal binary search trees* (Dissertação de doutoramento, Instituto de Tecnologia de Massachusetts).

[13] Singh, A., Garg, S., Kaur, R., Batra, S., Kumar, N., & Zomaya, A. Y. (2020). Estruturas de dados probabilísticas para análise de big data: A comprehensive review. *Knowledge-Based Systems*, *188*, 104987.

[14] Guibas, L. J., & Sedgewick, R. (1978, outubro). Uma estrutura dicromática para árvores balanceadas. No *19º Simpósio Anual sobre Fundamentos da Ciência da Computação (sfcs 1978)* (pp. 8-21). IEEE.

[15] Zhang, Y., & Ruan, Y. (2016). *Em Proceedings of the 2016 IEEE 25th International Conference on High Performance Computing (HiPC) (pp. 1-10).*

[16] Tarrataca, L., & Wichert, A. (2011). Pesquisa em árvore e computação quântica. *Quantum Information Processing*, *10*(4), 475-500.

[17] Khayal, M. S. H. (2009, abril). Uma pesquisa sobre a manutenção da árvore de pesquisa binária em forma óptima. Na *Conferência Internacional de 2009 sobre Gestão e Engenharia da Informação* (pp. 365-369). IEEE.

[18] Austern, M. H., Stroustrup, B., Thorup, M., & Wilkinson, J. (2003). Untangling the balancing and searching of balanced binary search trees (Desvendando o balanceamento e a busca de árvores de busca binárias balanceadas). *Software: Practice and Experience*, *33*(13), 1273-1298.

[19] Bronson, N. G., Casper, J., Chafi, H., & Olukotun, K. (2010). Uma árvore de pesquisa binária concorrente prática. *ACM Sigplan Notices*, *45*(5), 257-268.

[20] Carlinet, E., & Géraud, T. (2014). Uma revisão comparativa dos algoritmos de computação de árvore de componentes. *IEEE Transactions on Image Processing*, *23*(9), 3885-3895.

[21] Demaine, E. D., Harmon, D., Iacono, J., & P a ˇ traşcu, M. (2007). Otimalidade dinâmica - quase. *SIAM Journal on Computing*, *37*(1), 240-251.

[22] Navarro, G., & Sadakane, K. (2014). Árvores sucintas estáticas e dinâmicas totalmente funcionais. *ACM Transactions on Algorithms (TALG)*, *10*(3), 1-39.

[23] Kozma, L. (2016). Árvores de pesquisa binárias, rectângulos e padrões.

[24] Bose, P., Douïeb, K., & Langerman, S. (2008, janeiro). Optimalidade dinâmica para listas de saltos e árvores B. In *Proceedings of the nineteenth annual ACM-SIAM symposium on Discrete algorithms* (pp. 1106-1114).

[25] Nguyen, B. H., Xue, B., Andreae, P., & Zhang, M. (2019). Uma nova abordagem de otimização de enxame de partículas binárias: Momentum e equilíbrio dinâmico entre exploração e exploração. *Transacções IEEE sobre cibernética*, *51*(2), 589-603.

[26] Mavrovouniotis, M., Li, C., & Yang, S. (2017). Uma pesquisa de inteligência de enxame para otimização dinâmica: Algoritmos e aplicações. *Enxame e computação evolutiva*, *33*, 1-17.

Printed by Books on Demand GmbH, Norderstedt / Germany